面向新工科专业建设计算机系列教材

数据结构实验教程
（微课版）

王 彤　杨 雷　鲍玉斌　张立立 ◎主编

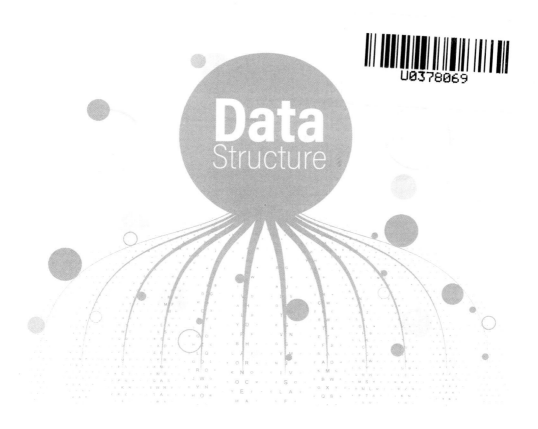

清华大学出版社
北京

内 容 简 介

　　本书主要面向高校数据结构实验教学要求,可与《数据结构》相关理论教材配套使用。本书分为7章,包括线性表、栈和队列、树、图、查找、排序以及 STL 与数据结构。在相关理论概述、实验目的、要求和原理的基础上,除第7章外,每章主要包括三大部分,分别为验证性实验、设计性实验和应用性探究式综合创新型实验。每章内容设置均采取"先理论、后应用、理论与应用相结合"的原则,在每章概述数据结构重要理论知识点的基础上,以层次化方式进行多层次、立体化的实验内容设置,并给出了部分实验的代码实现(主要采用 C 语言实现)。

　　本书适合高等院校计算机科学与技术专业及相关专业本科生、研究生使用,还可作为从事计算机工程与应用工作的科技人员的参考书。

图书在版编目(CIP)数据

数据结构实验教程:微课版/王彤等主编. —北京:清华大学出版社,2021.12(2023.7重印)
面向新工科专业建设计算机系列教材
ISBN 978-7-302-59109-2

Ⅰ.①数…　Ⅱ.①王…　Ⅲ.①数据结构-高等学校-教材　Ⅳ.①TP311.12

中国版本图书馆 CIP 数据核字(2021)第 178360 号

责任编辑:白立军
封面设计:刘　乾
责任校对:焦丽丽
责任印制:朱雨萌

出版发行:清华大学出版社
　　　　　网　　　址:http://www.tup.com.cn,http://www.wqbook.com
　　　　　地　　　址:北京清华大学学研大厦 A 座　　　　邮　　编:100084
　　　　　社 总 机:010-83470000　　　　　　　　　　　邮　　购:010-62786544
　　　　　投稿与读者服务:010-62776969,c-service@tup.tsinghua.edu.cn
　　　　　质量反馈:010-62772015,zhiliang@tup.tsinghua.edu.cn
　　　　　课件下载:http://www.tup.com.cn,010-83470236
印 装 者:三河市铭诚印务有限公司
经　　销:全国新华书店
开　　本:185mm×260mm　　　　印　　张:18.25　　　　字　　数:422 千字
版　　次:2021 年 12 月第 1 版　　　　　　　　　　　印　　次:2023 年 7 月第 2 次印刷
定　　价:59.00 元

产品编号:091659-01

出版说明

一、系列教材背景

人类已经进入智能时代,云计算、大数据、物联网、人工智能、机器人、量子计算等是这个时代最重要的技术热点。为了适应和满足时代发展对人才培养的需要,2017 年 2 月以来,教育部积极推进新工科建设,先后形成了"复旦共识""天大行动"和"北京指南",并发布了《教育部高等教育司关于开展新工科研究与实践的通知》《教育部办公厅关于推荐新工科研究与实践项目的通知》,全力探索形成领跑全球工程教育的中国模式、中国经验,助力高等教育强国建设。新工科有两个内涵:一是新的工科专业;二是传统工科专业的新需求。新工科建设将促进一批新专业的发展,这批新专业有的是依托于现有计算机类专业派生、扩展而成的,有的是多个专业有机整合而成的。由计算机类专业派生、扩展形成的新工科专业有计算机科学与技术、软件工程、网络工程、物联网工程、信息管理与信息系统、数据科学与大数据技术等。由计算机类学科交叉融合形成的新工科专业有网络空间安全、人工智能、机器人工程、数字媒体技术、智能科学与技术等。

在新工科建设的"九个一批"中,明确提出"建设一批体现产业和技术最新发展的新课程""建设一批产业急需的新兴工科专业"。新课程和新专业的持续建设,都需要以适应新工科教育的教材作为支撑。由于各个专业之间的课程相互交叉,但是又不能相互包含,所以在选题方向上,既考虑由计算机类专业派生、扩展形成的新工科专业的选题,又考虑由计算机类专业交叉融合形成的新工科专业的选题,特别是网络空间安全专业、智能科学与技术专业的选题。基于此,清华大学出版社计划出版"面向新工科专业建设计算机系列教材"。

二、教材定位

教材使用对象为"211 工程"高校或同等水平及以上高校计算机类专业及相关专业学生。

三、教材编写原则

(1) 借鉴 *Computer Science Curricula* 2013(以下简称 CS2013)。CS2013 的核心知识领域包括算法与复杂度、体系结构与组织、计算科学、离散结构、图形学与可视化、人机交互、信息保障与安全、信息管理、智能系统、网络与通信、操作系统、基于平台的开发、并行与分布式计算、程序设计语言、软件开发基础、软件工程、系统基础、社会问题与专业实践等内容。

(2) 处理好理论与技能培养的关系,注重理论与实践相结合,加强对学生思维方式的训练和计算思维的培养。计算机专业学生能力的培养特别强调理论学习、计算思维培养和实践训练。本系列教材以"重视理论,加强计算思维培养,突出案例和实践应用"为主要目标。

(3) 为便于教学,在纸质教材的基础上,融合多种形式的教学辅助材料。每本教材可以有主教材、教师用书、习题解答、实验指导等。特别是在数字资源建设方面,可以结合当前出版融合的趋势,做好立体化教材建设,可考虑加上微课、微视频、二维码、MOOC 等扩展资源。

四、教材特点

1. 满足新工科专业建设的需要

系列教材涵盖计算机科学与技术、软件工程、物联网工程、数据科学与大数据技术、网络空间安全、人工智能等专业的课程。

2. 案例体现传统工科专业的新需求

编写时,以案例驱动,任务引导,特别是有一些新应用场景的案例。

3. 循序渐进,内容全面

讲解基础知识和实用案例时,由简单到复杂,循序渐进,系统讲解。

4. 资源丰富,立体化建设

除了教学课件外,还可以提供教学大纲、教学计划、微视频等扩展资源,以方便教学。

五、优先出版

1. 精品课程配套教材

主要包括国家级或省级的精品课程和精品资源共享课的配套教材。

2. 传统优秀改版教材

对于已经出版、得到市场认可的优秀教材,由于新技术的发展,计划给图书配上新的教学形式、教学资源的改版教材。

3. 前沿技术与热点教材

反映计算机前沿和当前热点的相关教材,例如云计算、大数据、人工智能、物联网、网络空间安全等方面的教材。

六、联系方式

联系人:白立军

联系电话:010-83470179

联系和投稿邮箱:bailj@tup.tsinghua.edu.cn

面向新工科专业建设计算机系列教材编委会
2019 年 6 月

面向新工科专业建设计算机系列教材编委会

计算机科学与技术专业核心教材体系建设 —— 建议使用时间

课程系列	一年级上	一年级下	二年级上	二年级下	三年级上	三年级下	四年级上	四年级下
基础系列	大学计算机基础		离散数学(上) 信息安全导论	离散数学(下)				
电类系列		电子技术基础	数字逻辑设计 数字逻辑设计实验					
程序系列	计算机程序设计		面向对象程序设计 程序设计实践	数据结构	算法设计与分析	软件工程 编译原理		软件工程综合实践
系统系列		计算机原理	操作系统	计算机系统综合实践	计算机网络	计算机体系结构		
应用系列			数据库原理与技术 嵌入式系统		人工智能导论	计算机图形学		
选修系列								机器学习 物联网导论 大数据分析技术 数字图像技术

FOREWORD

前言

　　"数据结构"是计算机科学与技术专业和相关专业的核心课程,是技术性、实践性、操作性、应用性很强的一门计算机专业基础课程。数据结构实验教学是数据结构教学的必要环节,不仅可以巩固学生对数据结构理论课程中基本原理、基本概念和相关算法的理解和掌握,还可以帮助学生更好地完成对知识点的预习和复习,有利于学生将所学专业理论知识转换为实际应用,有利于学生掌握计算机操作技能,有利于培养其创新精神,以达到理论和实践相结合的目的。

　　在教育部实施的"高等学校教学质量与教学改革工程"中,提出要"高度重视实践环节,提高学生实践能力"。因此,实验与实践教学是数据结构教学的必要环节。为顺应社会对创新人才需求的趋势,响应"教育部打造实验教学各类'金课'课程建设,全面提高人才培养质量,支撑引领教育现代化发展"的号召,围绕"两性一度即高阶性、创新性和挑战度",本教材的题目设置以面向新工科背景下培养计算机系统能力为原则,并结合各类程序设计竞赛、考研真题所考查知识点设置实验题目,旨在提升解决应用性问题的能力、培养新工科背景下的计算机系统能力、培养参加竞赛的核心竞争力等多方面的综合能力。

　　本书在编排上采取"先理论、后应用、理论与应用相结合"的原则,以层次化方式设置实验内容,旨在提高学生解决问题的能力。教材内容构架上,每章节概述列出数据结构重要的理论知识点,可作为预习或复习使用。在此基础上,针对理解抽象的理论知识、掌握典型的应用以及利用数据结构知识求解实际问题的创新探究综合能力三个层次实验教学目标,特别设置了验证性实验、设计性实验和应用性探究式综合创新型实验三部分实验内容,并给出部分实验的代码实现(主要采用 C 语言实现)。题目设置分层次并具有创新性和挑战性,包括日常生活、实际问题为背景的题目,计算机系统能力培养方面的融合性应用题目,应用性高阶算法以及结合程序设计竞赛和考研真题所考查知识点设置的实验题目。此外,附录给出了"数据结构应用性实验参考实施方案"和"实验报告要求",为授课教师提供了实验内容、要求、报告撰写、成绩评定等方面的建议,希望能有效深化教育改革,提高学生的问题求解能力和创新思维水平。

　　验证性实验部分与理解抽象的理论知识的实验教学目标相对应,通过验证基本概念、实现数据结构和相应的基本操作,使学生加深对概念和数据结构相应知识点的理解,提高学生的代码实现能力。

　　设计性实验的教学目标为掌握典型应用算法,通过将教材中典型应用算法以可运行的完整代码形式给出代码实现,或启发学生通过调用验证性实验已实现的部分数据结构、基本操作,同时,结合算法设计思想解决一些简单的实际应用问题,并融入各类程序设计竞赛和考研真题所考查知识点设置设计性实验题目及习题,从而达到开拓学生视野、启发学生思维、提高学生的算法设计和实现能力的目的。

　　高阶应用性探究式综合创新型实验的教学目标为求解实际问题的创新探究综合能力,通过运用课程理论知识、验证性实验和设计性实验中所学数据结构方法求解比较复杂的实际应用问题,并设置培养学生计算机系统能力的相关综合性题目。随着处理数据和应用需求的变化,算法的研究也在与时俱进,尤其是计算机网络、数据库、人工智能、机器学习等方面的算法,无论是在研究领域还是社会需求方面都是热点。通过完成应用性探究式综合创新型实验,学生对所学相关知识有更深刻的体会,同时可培养学生解决复杂问题的综合能力和高级思维,并能帮助学生实现从传统的数据结构知识到多领域高阶算法应用的无障碍衔接,从而更好地进行前沿领域的研究和提升社会竞争力。

　　全书分为 7 章,每章包括概述、实验目的和要求、实验原理、验证性实验、设计性实验以及应用性探究式综合创新型实验。其中,"验证性实验"给出了相应验证性实验的可运行代码;"设计性实验"包含"设计性实验项目"和"习题与指导",并标注结合程序设计竞赛考查知识点设置或结合考研真题考查知识点设置等;"应用性探究式综合创新型实验"包含"实验项目范例"和"实验项目与指导",具体包括问题描述、实验要求、实验思路。在解答实验时,"实验项目范例"和"实验项目与指导"中均给出实验思路,给出学生可参考的实际问题解决方法,"实验项目范例"中又进一步给出了实验范例题目代码,体现了数据结构中数据组织和数据处理的思想。

　　读者可以通过扫描书中提供的二维码获取编程过程中用到的工具、软件以及本书的相关代码(本书提供的所有代码均已在 codeblocks 环境下调试通过)。同时,在必要部分提供微视频讲解(微课),即针对题目知识点或程序编写的提示和引导性讲解,以展现设计思维、编程实现等过程。

　　感谢清华大学出版社责任编辑白立军副编审及相关工作人员,非常荣幸能够与卓越的你们合作;感谢在编写过程中,本书作者鲍玉斌老师富有建设性的结构设置,杨雷老师对本书理论部分的保障和张立立老师对本书的修改和出版等所做的相关推进工作;同时,感谢家人和朋友给予的鼓励和大力支持。

　　由于编者水平有限,尽管不遗余力,但书中仍可能存在不足之处,敬请读者指正。

编　者

2021 年 11 月

CONTENTS

目录

第 1 章

线 性 表

本章介绍线性表的主要特性,包括线性表的逻辑结构和存储表示方法。读者在熟悉基础知识的基础上,实现在存储结构上的各种基本操作及其代码实现,以完成基础验证性实验,进而完成设计性实验,并针对应用性问题选择合适的存储结构、设计算法,完成最后一部分的应用性探究式综合创新型实验。其中,"线性表概述"部分可作为对于数据结构重点理论知识点的预习或复习使用。

1.1 线性表概述

线性表(linear_list)是数据结构中一种较简单且常用的线性结构,是学习后续其他数据结构的基础。线性表主要有两种存储方式:顺序存储和链式存储。线性表的基础理论知识主要如下。

(1) 线性结构的基本特征如下。

① 一个"第一元素", 一个"最后元素"。

② 除最后元素之外,均有后继;除第一元素之外,均有前驱。

(2) 一个线性表是 n 个具有相同数据类型的数据元素的有限序列。

(3) 线性表的顺序表示,指的是用一组地址连续的存储单元依次存储线性表的数据元素。顺序表的存储特点是,线性表中逻辑上相邻的元素在物理上也相邻,即用物理上的相邻实现了逻辑上的相邻。

(4) 顺序表的存储结构定义(顺序存储的 C 语言描述)如下。

```
#define LIST_INIT_SIZE   100     //线性表存储空间的初始分配量
typedef char ElemType;
typedef   struct {
ElemType data[LIST_INIT_SIZE]; //存放顺序表元素
int length;                     //存放顺序表长度,以 sizeof(ElemType)为单位
} SqList;                        //顺序表类型定义
```

(5) 链表的存储特点是,用任意一组存储单元存储线性表的数据元素,这组存储单元可以是连续的,它们也可以是不连续的,它们依靠指针相链接,仍然保持逻辑上的线性关系。

（6）单链表存储结构定义（单链表存储的 C 语言描述）如下。

```
typedef int ElemType;
typedef  struct  LNode
{
    ElemType data;                    //存储链表的元素空间
    struct LNode * next;              //后继结点
}LinkList;                            //链表结点类型定义
```

（7）双向链表存储结构定义（双向链表存储的 C 语言描述）如下。

```
typedef  struct  LNode
{
    ElemType data;                    //结点数据域
    struct LNode * prior;             //指向前驱结点
    struct LNode * next;              //指向后继结点
}LinkList;                            //双向链表结点类型定义
```

这里，特别提示，在继续学习后面章节前要先做好必要的编程环境的安装与调试，具体见视频讲解。

软件获取

视频讲解

1.2　实验目的和要求

本部分可作为验证性实验、设计性实验和应用性探究式综合创新型实验共同的实验目的和要求使用。

（1）掌握线性表的逻辑结构特性及其在计算机内的两种存储结构。

（2）掌握线性表的顺序存储结构（顺序表）的定义及其实现。

（3）掌握线性表的链式存储结构（链表，包括单链表和双向链表等）的定义及其实现。

（4）掌握线性表在顺序存储结构及顺序表中的各种基本操作。

（5）掌握线性表在链式存储结构及链表（包括单链表和双向链表等）中的各种基本操作。

（6）理解顺序表和链表数据结构的特点及二者的优缺点，明确何时选择顺序表、何时选择链表作为线性表的存储结构。

1.3　实验原理

本部分可作为验证性实验、设计性实验和应用性探究式综合创新型实验共同的实验原理使用。

线性表是由同一类型的数据元素构成的线性结构。其特点是数据元素之间是一种一对一的线性关系,是一种简单的数据结构。

线性表有两种存储结构:顺序存储结构和链式存储结构。线性表的顺序表示,指的是用一组地址连续的存储单元依次存储线性表中的数据元素。顺序存储结构的特点是逻辑关系上相邻的两个元素在物理位置上也相邻。通常可用数组来描述数据结构中的顺序存储结构。这种方法存储的线性表简称为顺序表。

线性表的另一种存储结构为链式存储结构,也称为链表。链式存储结构的特点是用任意的存储单元存储线性表的数据元素。其中,这组存储单元可以是连续的,也可以是不连续的。链表中的每个结点(node)包含两个信息域,分别为数据域和指针域,它们共同组成数据元素的存储映像。存储数据元素信息的域称为数据域,存储直接后继位置的域称为指针域。指针域中存储的信息称作指针或链,n 个结点链接成一个链表。链表包括单链表、双向链表和循环链表。其中,单链表是链表的结点结构中只有一个链域的链表;顾名思义,双向链表在链表的结点中有两个指针域,一个指向直接后继,另一个指向直接前驱;循环链表是一种首尾相接的链表,包括单向循环链表和双向循环链表。单向循环链表的结构与单链表相同,双向循环链表的结构与双向链表相同。其中,单向循环链表最后一个结点的直接后继指针指向第一个结点,双向循环链表第一个结点的直接前驱指针指向最后一个结点。

对线性表首先要掌握抽象数据类型(Abstract Data Type,ADT)中涉及的基本操作(见基础实验,即验证性实验部分),进而实现实验内容中的设计性实验和后续的高阶实验,即应用性探究式综合创新型实验。

1.4　验证性实验

1.4.1　顺序表的基本操作

顺序表代码

顺序表视频讲解

1. 目的

学习顺序表存储结构,掌握顺序表中各个基本操作的算法设计与实现。

2. 内容

顺序表的基本操作如下。

(1) 构造一个空的顺序表 L,其基本操作为 InitSqList(SqList * L)。

(2) 顺序表 L 已存在,销毁顺序表 L,其基本操作为 DestroySqList(SqList * L)。

(3) 顺序表 L 已存在,判断顺序表 L 是否为空表,若是则返回 0,否则返回 1,调用函数可通过判断函数返回值确定结果状态,其基本操作为 SqListEmpty(SqList * L)。

(4) 顺序表 L 已存在,返回顺序表 L 中数据元素个数,其基本操作为 SqListLength (SqList * L)。

(5) 顺序表 L 已存在,依次输出顺序表 L,其基本操作为 DispSqList (SqList * L)。

(6) 顺序表 L 已存在,返回顺序表 L 中第 $i(1 \leqslant i \leqslant \text{ListLength}(L))$ 个数据元素的值,其基本操作为 GetSqListElem(SqList * L,int i,ElemType e)。

(7) 顺序表 L 已存在,返回顺序表 L 中第 1 个与 e 的值相等的数据元素的位序,其基本操作为 LocateSqListElem(SqList * L, ElemType e)。

(8) 顺序表 L 已存在,在顺序表 L 中第 $i(1 \leqslant i \leqslant \text{ListLength}(L))$ 个位置上插入新的数据元素 e,顺序表 L 的长度加 1,其基本操作为 SqListInsert (SqList * L, int i, ElemType e)。

(9) 顺序表 L 已存在,删除顺序表 L 的第 $i(1 \leqslant i \leqslant \text{ListLength}(L))$ 个数据元素,顺序表 L 的长度减 1,其基本操作为 SqListDelete(SqList * L, int i)。

(10) 根据给定数组中的数据,整体建立顺序表 L,其基本操作为 CreateSqList (SqList * L, ElemType a[], int n)。

3. 算法实现

对应于第 2 部分内容,顺序表的结构如图 1-1 所示。

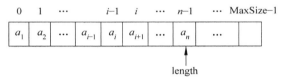

图 1-1　顺序表的结构

顺序表的基本操作算法实现如下。

```
#include<stdio.h>
#include<malloc.h>
#define LIST_INIT_SIZE 100
typedef char ElemType;
typedef struct
{
    ElemType data[LIST_INIT_SIZE];       //存储顺序表元素空间
    int length;                          //顺序表长度,以 sizeof(ElemType) 为单位
}SqList;                                 //顺序表类型定义
//基本操作算法代码实现

//构造一个空的顺序表 L
void InitSqList(SqList * L)
{
```

```
        L->length=0;                          //初始长度为 0
    }

    //销毁顺序表 L
    void DestroySqList(SqList * L)
    {
        free(L);
    }

    //判断顺序表 L 是否为空
    int SqListEmpty(SqList * L)
    {
        //调用函数可通过判断函数返回值确定结果状态
        if(L->length==0)                        //根据顺序表 L 当前长度判断
            return 0;
        else
            return 1;
    }

    //求顺序表 L 中数据元素个数
    int SqListLength(SqList * L)
    {
        int l;
        l=L->length;
        return l;
    }

    //输出顺序表 L 中的元素
    void DispSqList(SqList * L)
    {
        int i=0;
        while(i<L->length)                      //依次输出元素
        {
            printf("%c ",L->data[i]);
            i++;
        }
        printf("\n");
    }

    //在顺序表 L 中第 i(1≤i≤ListLength(L))个位置上插入新的数据元素 e
    void SqListInsert(SqList * L,int i,ElemType e)
    {
        int j;
        if(i>=1&&i<=L->length+1)                //判断 i 是否合法
```

```
    {
        i--;
        for(j=L->length;j>i;j--)            //找到插入的位置
            L->data[j]=L->data[j-1];
        L->data[i]=e;                        //将元素插入已找到的适当位置
        L->length++;                         //顺序表 L 长度增一
    }
    else
        printf("i 不符合要求");
}

//删除顺序表 L 的第 i(1≤i≤ListLength(L))个数据元素
void SqListDelete(SqList * L,int i)
{
    int j;
    if(i>=1&&i<=L->length)                   //判断 i 是否合法
    {
        i--;
        for(j=i;j<L->length-1;j++)           //找到插入的位置
            L->data[j]=L->data[j+1];         //元素前移
        L->length--;                         //顺序表 L 长度减一
    }
    else
        printf("i 不符合要求");
}

//求顺序表 L 中第 i(1≤i≤ListLength(L))个数据元素的值
char GetSqListElem(SqList * L,int i,ElemType e)
{
    if(i>=1&&i<=L->length)                   //判断 i 是否合法
    {
        e=L->data[i-1];                      //获取第 i 个元素的值
        return e;
    }
    else
        printf("i 不符合要求");
}

//求顺序表 L 中第 1 个与 e 的值相等的数据元素的位序
int LocateSqListElem(SqList * L,ElemType e)
{
    int i;
    for(i=1;L->data[i]!=e;i<L->length)       //判断条件,在 i 合法的基础上逐个比较当前
                                             //值与 e 值是否相等
```

```
        i++;
    if(i>=L->length)                          //根据情况返回相应的值
        return 1;
    else
        return i+1;
}


//整体建立顺序表 L
void CreateSqList(SqList * L,ElemType a[],int n)
{
    for(int i=0;i<n;i++)
        L->data[i]=a[i];
    L->length=n;                               //设置长度
}
//主函数
void main()
{
    SqList * L=(SqList *)malloc(sizeof(SqList));
    ElemType e;
    printf("1.初始化顺序表\n");
    InitSqList(L);
    printf("2.插入元素 h、e、l、l、o\n");
    SqListInsert(L,1,'h');                     //插入元素'h'
    SqListInsert(L,2,'e');                     //插入元素'e'
    SqListInsert(L,3,'l');                     //插入元素'l'
    SqListInsert(L,4,'l');                     //插入元素'l'
    SqListInsert(L,5,'o');                     //插入元素'o'
    printf("3.顺序表元素为:");
    DispSqList(L);                             //输出顺序表 L
    printf("4.长度为%d\n",SqListLength(L));    //显示顺序表 L 中数据元素个数
    printf("5.顺序表是否为空?");
    if(SqListEmpty(L)==1)                      //判断当前顺序表 L 的状态
        printf("非空\n");
    else
        printf("空\n");
    printf("6.顺序表的第 5 个元素是:%c\n",GetSqListElem(L,5,e));
                                               //求顺序表 L 中第 5 个数据元素的值
    printf("7.元素'h'的位置是:%d\n",LocateSqListElem(L,'a'));
                                               //查找顺序表 L 中第 1 个与 e 的值相等的数据元素的位序
    printf("8.删除第 2 个元素,并在第 2 个元素位置上插入'w'元素\n");
    SqListDelete(L,2);                         //删除顺序表 L 的第 2 个数据元素
    SqListInsert(L,2,'w');                     //在顺序表 L 中第 2 个位置上插入新的数据元素 'w'
    printf("9.输出当前顺序表:");
    DispSqList(L);                             //输出顺序表 L
```

```
    printf("10.销毁顺序表");
    DestroySqList(L);                                    //销毁顺序表 L
}
```

4. 程序的运行结果

顺序表的基本操作程序运行结果如图 1-2 所示。

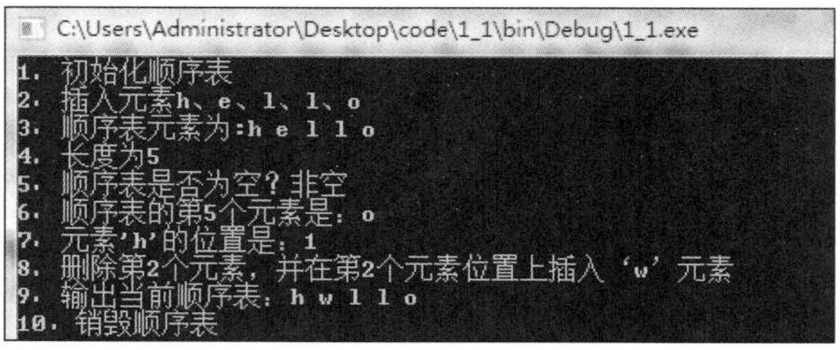

图 1-2　顺序表的基本操作程序运行结果

1.4.2　链表的基本操作

1. 目的

学习链表存储结构,掌握链表中各个基本运算的算法设计与实现。这里,链表包括单链表、双向链表、循环单链表和双向循环链表 4 部分内容。

2. 内容

1) 单链表的基本操作

(1) 构造一个空的单链表 L,其基本操作为 LinkListInit(LinkList * L)。

(2) 单链表 L 已存在,销毁单链表 L,其基本操作为 DestroyLinkList(LinkList * L)。

(3) 单链表 L 已存在,若单链表 L 为空表,则返回 0,否则返回 1,调用函数可通过判断函数返回值确定结果状态,其基本操作为 LinkListEmpty(LinkList * L)。

(4) 单链表 L 已存在,返回单链表 L 中数据元素个数,其基本操作为 LinkListLength(LinkList * L);

(5) L 为带头结点的单链表的头指针。当第 i 个元素存在时,返回其值,若这样的数据元素不存在,则给出相应的提示,其基本操作为 GetLinkListElem(LinkList * L,int i)。

(6) 单链表 L 已存在,返回单链表 L 中第 1 个与 e 值相同的数据元素的位序,若这样的数据元素不存在,则给出相应的提示,其基本操作为 LocateLinkListElem(LinkList * L,ElemType e)。

(7) 在带头结点的单链表 L 中第 i 个位置之前插入元素 e,若这样的数据元素不存在,则给出相应的提示,其基本操作为 LinkListInsert(LinkList * L,int i,ElemType e)。

(8) 在带头结点的单链表 L 中删除第 i 个元素,若这样的数据元素不存在或 i 值不符合要求,则给出相应的提示,其基本操作为 LinkListDelete(LinkList * L,int i)。

（9）单链表 L 已存在,输出显示单链表 L 中的各个元素,其基本操作为 DispLinkList(LinkList ＊L)。

（10）头插法建立单链表 L,其基本操作为 CreateLinkListF(LinkList ＊L, ElemType d[], int n)。

（11）尾插法建立单链表 L,其基本操作为 CreateLinkListR(LinkList ＊L, ElemType d[], int n)。

2）双向链表的基本操作

（1）构造一个空的双向链表 L,其基本操作为 InitLinkList（LinkList ＊L)。

（2）双向链表 L 已存在,销毁双向链表 L,其基本操作为 DestroyLinkList (LinkList ＊L)。

（3）双向链表 L 已存在,判断双向链表 L 是否为空表,若双向链表 L 为空表,则返回 0,否则返回 1,调用函数可通过判断函数返回值确定结果状态,其基本操作为 LinkListEmpty(LinkList ＊L)。

（4）双向链表 L 已存在,返回双向链表 L 中数据元素个数,其基本操作为 LinkListLength(LinkList ＊L)。

（5）L 为双向链表的头指针,当第 i 个元素存在时,获取双向链表中第 i 个元素的值,若这样的数据元素不存在,则给出相应的用户提示,其基本操作为 GetLinkListElem(LinkList ＊L, int i)。

（6）双向链表 L 已存在,获取双向链表 L 中第 1 个与 e 值相同的数据元素的位序,若这样的数据元素不存在,则给出相应的用户提示,其基本操作为 LocateLinkListElem(LinkList ＊L, ElemType e)。

（7）在双向链表 L 中第 i 个位置之前插入元素 e,其基本操作为 LinkListInsert(LinkList ＊L, int i, ElemType e)。

（8）在双向链表 L 中删除第 i 个元素,其基本操作为 LinkListDelete(LinkList ＊L, int i)。

（9）头插法建立双向链表 L,其基本操作为 CreateLinkListF(LinkList ＊L, ElemType d[], int n)。

（10）尾插法建立双向链表 L,其基本操作为 CreateLinkListR（LinkList ＊L, ElemType d[], int n)。

（11）输出显示双向链表 L 的各个结点的元素值,其基本操作为 DisplayLinkList(LinkList ＊L)。

3）循环单链表的基本操作

（1）构造一个空的循环单链表 L,其基本操作为 InitLinkList(LinkList ＊L)。

（2）循环单链表 L 已存在,销毁循环单链表 L,其基本操作为 DestroyLinkList(LinkList ＊L)。

（3）循环单链表 L 已存在,判断循环单链表 L 是否为空表,若循环单链表 L 为空表,则返回 0,否则返回 1,调用函数可通过判断函数返回值确定结果状态,其基本操作为 LinkListEmpty(LinkList ＊L)。

（4）循环单链表 L 已存在,返回循环单链表 L 中数据元素个数,其基本操作为

LinkListLength(LinkList ＊L)。

（5）L 为循环单链表的头指针，当第 i 个元素存在时，返回其值，若这样的数据元素不存在，则给出相应的用户提示，其基本操作为 GetLinkListElem(LinkList ＊L,int i)。

（6）循环单链表 L 已存在，返回循环单链表 L 中第 1 个与 e 值相同的数据元素的位序，若这样的数据元素不存在，则给出相应的用户提示，其基本操作为 LocateLinkListElem(LinkList ＊L,ElemType e)。

（7）在循环单链表 L 中第 i 个位置之前插入元素 e,其基本操作为 LinkListInsert (LinkList ＊L,int i,ElemType e)。

（8）在循环单链表 L 中删除第 i 个元素,其基本操作为 LinkListDelete(LinkList ＊L,int i)。

（9）头插法建立循环单链表 L,其基本操作为 CreateLinkListF(LinkList ＊L, ElemType d[],int n)。

（10）尾插法建立循环单链表 L,其基本操作为 CreateLinkListR(LinkList ＊L, ElemType d[],int n)。

（11）输出显示循环单链表 L 中各个元素的值,其基本操作为 DisplayLinkList (LinkList ＊L)。

4）双向循环链表的基本操作

（1）构造一个空的双向循环链表 L,其基本操作为 InitLinkList(LinkList ＊L)。

（2）双向循环链表 L 已存在,销毁双向循环链表 L,其基本操作为 DestroyLinkList (LinkList ＊L)。

（3）双向循环链表 L 已存在,判断双向循环链表 L 是否为空表,若双向循环链表 L 为空表,则返回 0,否则返回 1,调用函数可通过判断函数返回值确定结果状态,其基本操作为 LinkListEmpty(LinkList ＊L)。

（4）双向循环链表 L 已存在,返回双向循环链表 L 中数据元素个数,其基本操作为 LinkListLength(LinkList ＊L)。

（5）L 为双向循环链表的头指针,当第 i 个元素存在时,返回其值,若这样的数据元素不存在,则给出相应的用户提示,其基本操作为 GetLinkListElem(LinkList ＊L,int i)。

（6）双向循环链表 L 已存在,返回 L 中第 1 个与 e 值相同的数据元素的位序,若这样的数据元素不存在,则给出相应的用户提示,其基本操作为 LocateLinkListElem (LinkList ＊L,ElemType e)。

（7）双向循环链表 L 中第 i 个位置之前插入元素 e,其基本操作为 LinkListInsert (LinkList ＊L,int i,ElemType e)。

（8）在双向循环链表 L 中,删除第 i 个元素,其基本操作为 LinkListDelete(LinkList ＊&L,int i)。

（9）头插法建立双向循环链表 L,其基本操作为 CreateLinkListF(LinkList ＊L, ElemType d[],int n)。

（10）尾插法建立双向循环链表 L,其基本操作为 CreateLinkListR(LinkList ＊L, ElemType d[],int n)。

（11）输出显示双向循环链表 L 的各个元素值，其基本操作为 DisplayLinkList（LinkList ＊ L）。

3. 算法实现

（1）对应于第 2 部分内容，单链表的结点结构和带头结点的单链表如图 1-3 和图 1-4 所示。

图 1-3　单链表的结点结构

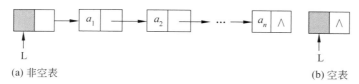

L

(a) 非空表

L

(b) 空表

图 1-4　带头结点的单链表

单链表代码

单链表视频讲解

单链表的基本操作算法实现如下。

```
#include<stdio.h>
#include<malloc.h>
typedef char ElemType;
typedef  struct  LNode
{
    ElemType data;                    //存储链表的元素空间
    struct LNode * next;              //后继结点
}LinkList;                            //单链表结点类型定义
//基本操作算法代码实现

//构造空的单链表 L
void InitLinkList(LinkList * L)
{
    L->next=NULL;                     //将单链表 L 初始化为空表
}

//销毁单链表 L
void DestroyLinkList(LinkList * L)
```

```
    {
        LinkList * r=L;                        //r 指向前驱
        LinkList * p=r->next;                  //p 指向当前结点
        while(p!=NULL)
        {
            free(r);
            r=p;                               //r 向后移动一个结点
            p=r->next;                         //同时 p 向后移动一个结点
        }
        free(r);
    }


    //判断单链表 L 是否为空
    int  LinkListEmpty(LinkList * L)
    {
        //调用函数可通过判断函数返回值确定结果状态
        if(L->next==NULL)                      //判断头结点的 next 域是否为空
            return 0;                          //空
        else
            return 1;                          //非空
    }


    //求单链表 L 的长度
    int LinkListLength(LinkList * L)
    {
        int j;                                 //j 用于计数
        LinkList * r=L;                        //r 初始指向头结点
        for(j=0;r->next!=NULL;j++)
        {
            r=r->next;                         //寻找下一结点
        }
        return j;                              //循环结束得到总长度值 j
    }


    //输出显示单链表 L 中的各个元素
    void DispLinkList(LinkList * L)
    {
        LinkList * r=L->next;                  //r 指向头结点后的第一个结点
        for(;r!=NULL;r=r->next)
        {
            printf("%c ",r->data);
        }
        printf("\n");
```

```
    }

ElemType GetLinkListElem(LinkList * L,int i)  //获取单链表 L 中第 i 个元素的值
{
    ElemType e;                               //用于存储返回的第 i 个元素的值
    int j;
    LinkList * r=L;                           //指向头结点
    for(j=0;j<i&&r!=NULL;j++)                 //r 指向符合要求的位置
    {
        r=r->next;
    }
    if(r!=NULL)                               //存在第 i 个结点,返回该结点的值
    {
        e=r->data;                            //得到单链表 L 中第 i 个元素的值
        return e;                             //返回获取的值
    }
    else                                      //不存在符合要求的结点
    printf("无\n");

}


//获取单链表 L 中第 1 个与 e 值相同的数据元素的位序
int LocateLinkListElem(LinkList * L,ElemType e)
{
    int i;
    LinkList * p=L->next;                     //首结点序号为 1,初值为 1
    for(i=1;p!=NULL&&p->data!=e;i++)          //查找值域为 e 的结点
    {
        p=p->next;                            //指向下一结点
    }
    if(p!=NULL)                    //存在与 e 值相等的结点时,返回值域为 e 的结点位置 i
        return i;
    else                                      //不存在与 e 值相等的结点时,提示"无"
        printf("无\n");
}


void LinkListInsert(LinkList * L,int i,ElemType e)
                                //在带头结点的单链线 L 中第 i 个位置之前插入元素 e
{
    LinkList * p=L;                           //p 指向头结点
    LinkList * r;                             //r 指向新结点,即值域为 e 的结点
    int j;
    for(j=0;j<i-1&&p!=NULL;j++)               //查找第 i-1 个结点
```

```
    {
        p=p->next;                              //指向下一结点
    }
    if(p!=NULL)                                 //找到合适的位置
    {

        r=(LinkList *)malloc(sizeof(LinkList));
                                //创建新结点 r,其值域为 e,将其插入第 i-1 个位置之后
        r->data=e;                              //赋值
        r->next=p->next;            //连接后继结点,即新结点的 next 域指向原来的后继结点
        p->next=r;                              //将 r 加入进去
    }

    else
        printf("无\n");                         //未找到合适的位置

}

//删除单链表 L 的第 i 个元素
void LinkListDelete(LinkList * L,int i)
{
    LinkList * p;
    p=L;
    LinkList * q;
    int j;
    if(i<=0)                                    //判断是否合法
        printf("错误");                         //给出提示
    for(j=0;j<i-1&&p!=NULL;j++)                  //查找第 i-1 个结点
    {
        p=p->next;
    }
    if(p!=NULL)                                 //找到第 i-1 个结点
    {
        q=p->next;
        if(q!=NULL)
        {
            p->next=q->next;                    //从链表中删除该结点
            free(q);                            //成功删除该结点
        }
        else
          printf("无\n");                       //若不存在 i,则提示
    }
    else                                        //未找到第 i-1 个结点
```

```
        printf("无\n");

    }


//头插法建立单链表 L
void CreateLinkListF(LinkList * L,ElemType d[],int n)
{
    LinkList * s;                    //用于存放新的结点
    L->next=NULL;                    //头结点 next 置空,为指向新生成的结点做准备
    int i;
    for(i=0;i<n;i++)
    {
        s=(LinkList *)malloc(sizeof(LinkList));  //创建新的结点
        s->data=d[i];                //为新结点赋值
        s->next=L->next;             //将新结点加入原开始结点之前
        L->next=s;                   //将新结点加入头结点之后
    }
}


void CreateLinkListR(LinkList * L,ElemType d[],int n)   //尾插法建立单链表 L
{
    LinkList * s;                    //用于存放新的结点
    LinkList * r;                    //用于指向尾结点,即标记尾结点
    L->next=NULL;
    r=L;                             //r 指向尾结点
    int i;
    for(i=0;i<n;i++)
    {
        s=(LinkList *)malloc(sizeof(LinkList));  //创建新的结点
        s->data=d[i];                //为新结点赋值
        r->next=s;                   //将新结点加入原来的尾结点之后
        r=s;                         //r 重新指向尾结点,即指向新的结点
    }
    r->next=NULL;                    //尾结点的 next 域置空
}
//主函数
void main()
{
    LinkList * L=(LinkList *)malloc(sizeof(LinkList));
    ElemType e;
    printf("1.初始化单链表\n");
    InitLinkList(L);
    printf("2.插入元素 h、e、l、l、o\n");
```

```
    LinkListInsert(L,1,'h');
    LinkListInsert(L,2,'e');
    LinkListInsert(L,3,'l');
    LinkListInsert(L,4,'l');
    LinkListInsert(L,5,'o');
    printf("3.单链表元素为:");
    DispLinkList(L);
    printf("4.长度为%d\n",LinkListLength(L));
    printf("5.单链表是否为空?");
    if(LinkListEmpty(L)==1)
        printf("非空\n");
    else
        printf("空\n");
    printf("6.单链表的第 5 个元素是:%c\n",GetLinkListElem(L,5));
    printf("7.元素'h'的位置是:%d\n",LocateLinkListElem(L,'h'));
    printf("8.删除第 2 个元素,并在第 2 个元素位置上插入'w'元素\n");
    LinkListDelete(L,2);
    LinkListInsert(L,2,'w');
    printf("9.输出当前单链表:");
    DispLinkList(L);
    printf("10.销毁单链表");
    DestroyLinkList(L);
}
```

(2) 对应于第 2 部分内容,双向链表的结点结构如图 1-5 所示。

prior	data	next

图 1-5　双向链表的结点结构

双向链表代码

双向链表视频讲解

双向链表的基本操作算法实现如下。

```
#include<stdio.h>
#include<malloc.h>
typedef char ElemType;                    //数据类型
typedef  struct  LNode
{
    ElemType data;                        //结点数据域
    struct LNode *prior;                  //指向前驱结点
```

```
    struct LNode * next;                   //指向后继结点
}LinkList;                                  //双向链表结点类型定义

//基本算法

//构造一个空的双向链表 L
void InitLinkList(LinkList * L)
{
    L->prior=NULL;                         //前驱结点置空
    L->next=NULL;                          //后继结点置空
}


//销毁双向链表 L
void DestroyLinkList(LinkList * L)
{
    LinkList * q, * p;
    q=L;                                   //q 指向头结点
    p=q->next;                             //p 指向 q 的后继
    while(p!=NULL)                         //逐个释放
    {
        free(q);
        q=p;                               //q 向后移动一个结点
        p=q->next;                         //同时 p 向后移动一个结点
    }
    free(p);
}


//判断双向链表 L 是否为空表
int LinkListEmpty(LinkList * L)
{
    if(L->next==NULL)                      //判断条件
        return 0;                          //双链表为空,返回 0
    else
        return 1;                          //双链表不为空,返回 1
}

//求双向链表 L 中数据元素个数
int LinkListLength(LinkList * L)
{
    LinkList * p=L;
    int i;                                 //i 为计数初值
    for(i=0;p->next!=NULL;i++)             //计数初值从 0 开始,后继不为空则增加
    {
```

```
            p=p->next;                        //指向当前结点的后继结点
        }
        return i;
    }


    //获取双向链表中第 i 个元素的值
    ElemType GetLinkListElem(LinkList * L,int i)
    {
        ElemType e;
        int j;
        LinkList * p=L;
        for(j=0;j<i&&p!=NULL;j++)
        {
            p=p->next;
        }
        if(p!=NULL)                           //找到,用 e 返回该值,并返回元素值
        {
            e=p->data;
            return e;
        }
        else                                  //没有找到,给出适当提示
            printf("无\n");
    }


    //获取双向链表 L 中第 1 个与 e 值相同的数据元素的位序
    int LocateLinkListElem(LinkList * L,ElemType e)
    {
        LinkList * p=L->next;                 //指向首结点
        int i;                                //计数值
        for(i=1;p!=NULL&&p->data!=e;i++)      //查找值域为 e 的结点,首结点序号为 1,初值
                                              //为 1
        {
            p=p->next;                        //指向下一结点
        }
        if(p!=NULL)
            return i;                         //返回值域为 e 的结点位置 i
        else                                  //不存在与 e 值相等的结点时,给出适当的提示
            printf("无\n");
    }


    //双向链表 L 中第 i 个位置之前插入元素 e
    void LinkListInsert(LinkList * L,int i,ElemType e)
    {
```

```
    LinkList * p=L;
    LinkList * r;
    int j;
    for(j=0;j<i-1&&p!=NULL;j++)          //p 指向第 i-1 个位置
    {
        p=p->next;                        //指向下一结点
    }
    if(p!=NULL)                           //找到第 i-1 个结点,将新结点加入双向链表中
    {
        r=(LinkList * )malloc(sizeof(LinkList));   //生成新的结点 r
        r->data=e;                        //赋新值 e
        r->next=p->next;                  //新结点 r 的 next 域与后继结点相连
        if(p->next!=NULL)
            p->next->prior=r;             //后继结点的 prior 域指向 r
        r->prior=p;                       //新结点 r 的 prior 域指向 p
        p->next=r;                        //p 结点的 next 域指向新结点 r
    }
    else                                  //未找到第 i-1 个结点
        printf("无\n");
}


//删除双向链表 L 中的第 i 个元素
void LinkListDelete(LinkList   * L,int i)
{
    LinkList * p=L;
    LinkList * q;
    int j;
    for(j=0;j<i-1&&p!=NULL;j++)
    {
        p=p->next;                        //指向下一结点
    }
    if(p!=NULL)                           //找到第 i-1 个结点
    {
        q=p->next;
        if(q==NULL)                       //不存在第 i 个结点,则给出提示
            printf("无\n");
        p->next=q->next;                  //删除第 i 个结点
        if(p->next!=NULL)
            p->next->prior=p;
        free(q);
    }
    else                                  //未找到第 i-1 个结点
        printf("无\n");
}


//头插法建立双向链表 L
```

```
void CreateLinkListF(LinkList * L,ElemType d[],int n)
{
    int i;
    LinkList * s;
    L->prior=L->next=NULL;
    for(i=0;i<n;i++)
    {
        s=(LinkList * )malloc(sizeof(LinkList));//创建新结点
        s->data=d[i];                           //为新结点赋值
        s->next=L->next;                        //插入新结点
    }
}

//尾插法建立双向链表 L
void CreateLinkListR(LinkList * L,ElemType d[],int n)
{
    LinkList * r;
    LinkList * s;
    L->prior=L->next=NULL;
    r=L;
    for(int i=0;i<n;i++)
    {
        s=(LinkList * )malloc(sizeof(LinkList));//创建新结点
        s->data=d[i];
        r->next=s;
        s->prior=r;                             //插入新结点
        r=s;
    }
    r->next=NULL;                               //尾结点的 next 域置为 NULL
}

//输出双向链表 L 中的各个元素值
void DispLinkList(LinkList * L)
{
    LinkList * p;                               //用于指向当前结点
    p=L->next;                                  //指向头结点后的第一个结点
    while(p!=NULL)
    {
        printf("%c ",p->data);                  //输出当前结点的值域
        p=p->next;                              //指向下一结点
    }
}

void main()
{
    LinkList * L=(LinkList * )malloc(sizeof(LinkList));
```

```
ElemType e;
printf("1.初始化双向链表\n");
InitLinkList(L);
printf("2.插入元素 h、e、l、l、o\n");
LinkListInsert(L,1,'h');
LinkListInsert(L,2,'e');
LinkListInsert(L,3,'l');
LinkListInsert(L,4,'l');
LinkListInsert(L,5,'o');
printf("3.双向链表元素为:");
DispLinkList(L);
printf("\n");
printf("4.长度为%d\n",LinkListLength(L));
printf("5.双向链表是否为空?");
if(LinkListEmpty(L)==1)
    printf("非空\n");
else
    printf("空\n");
printf("6.双向链表的第 5 个元素是:%c\n",GetLinkListElem(L,5));
printf("7.元素'h'的位置是:%d\n",LocateLinkListElem(L,'h'));
printf("8.删除第 2 个元素,并在第 2 个元素位置上插入'w'元素\n");
LinkListDelete(L,2);
LinkListInsert(L,2,'w');
printf("9.输出当前双向链表:");
DispLinkList(L);
printf("\n");
printf("10.销毁双向链表");
DestroyLinkList(L);
}
```

（3）对应于第 2 部分内容,循环单链表如图 1-6 所示。

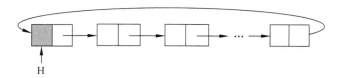

H

图 1-6　循环单链表

循环单链表代码

循环单链表视频

循环单链表的基本操作算法实现如下。

```
#include<stdio.h>
#include<malloc.h>
typedef char ElemType;              //值域类型
typedef  struct  LNode
{
    ElemType data;                  //存储链表的元素空间
    struct LNode * next;            //后继结点
}LinkList;                          //循环单链表结点类型定义

//基本操作算法代码实现

//构造一个空的循环单链表 L
void InitLinkList(LinkList * L)
{
    L->next=L;                      //循环单链表初始时 next 回指
}

//销毁循环单链表 L
void DestroyLinkList(LinkList * L)
{
    LinkList * s, * r;              //s 和 r 分别指向当前结点及其前驱结点
    r=L;                            //指向头结点
    s=r->next;                      //当前结点初始值
    while(s!=L)                     //判断是否结束,注意循环单链表判断结束的条件
    {
        //逐个释放
        free(r);
        r=s;
        s=r->next;
    }
    free(r);
}

//判断循环单链表 L 是否为空
int  LinkListEmpty(LinkList * L)
{
    if(L->next==L)                  //判断是否结束,注意循环单链表判断结束的条件
        return 0;                   //循环单链表为空,返回 0
    else
        return 1;                   //循环单链表不为空,返回 1
}
```

```
//求循环单链表 L 的长度,即元素个数
int LinkListLength(LinkList * L)
{
    int i;                         //i 用于计数
    LinkList * p=L;
    for(i=0;p->next!=L;i++)        //判断是否结束,注意循环单链表判断结束的条
                                   //件,i 的计数初值为 0
    {
        p=p->next;                 //指向下一个结点
    }
    return i;                      //循环结束得到总长度值 i
}


//获取循环单链表 L 中第 i 个结点的元素值
ElemType GetLinkListElem(LinkList * L,int i)
{
    ElemType e;                    //用于存储返回元素的值
    int j;
    LinkList * p=L->next;          //指向首结点
    if(i==1)                       //判断是否为第一个结点
    {
        e=L->next->data;           //获取第一个结点的值域
        return e;
    }
    else
    {
        for(j=0;j<i-1&&p!=L;j++)    //p 指向符合要求的位置
        {
            p=p->next;             //指向下一个结点
        }
        if(p!=L)                   //若存在第 i 个结点,则返回其值
        {
            e=p->data;             //获取元素的值域
            return e;              //返回元素的值
        }
        else                       //若不存在符合要求的结点,则给出适当的提示
            printf("无");
    }

}


//在循环单链表 L 中查找第一个值域为 e 的元素位序
int LocateLinkListElem(LinkList * L,ElemType e)
{
```

```
        int i;                           //首结点序号
        LinkList * p=L->next;
        for(i=1;p!=L&&p->data!=e;i++)   //查找值域为 e 的结点,i 的初值为 1
        {
            p=p->next;
        }
        if(p!=L)                         //注意循环单链表判断结束的条件
            return i;                    //返回值域为 e 的结点位置 i
        else
            printf("无");                //不存在与 e 值相等的结点时,则给出适当的提示
    }

    //在循环单链表 L 中将 e 插入第 i 个位置
    void LinkListInsert(LinkList * L,int i,ElemType e)
    {
        int j=1;
        LinkList * p=L;                  //p 指向头结点
        LinkList * r;                    //r 指向新结点,即值域为 e 的结点
        if(p->next!=L&&i!=1)             //原单链表为空表,或者只有一个元素
        {
            p=L->next;
            while(j<i-1&&p!=L)           //查找第 i-1 个结点
            {
                j++;
                p=p->next;
            }
            if(p!=L)                     //注意循环单链表判断结束的条件
            {
                r=(LinkList * )malloc(sizeof(LinkList));
                            //创建新结点 r,其值域为 e,将其插入第 i-1 个位置之后
                r->data=e;               //为新结点赋值
                //加入循环单链表 L 中
                r->next=p->next;
                p->next=r;
            }
            else
                printf("无");            //若未找到,则给出适当的提示
        }
        else
        {
            r=(LinkList * )malloc(sizeof(LinkList));  //创建新结点
            r->data=e;                               //为新结点赋值
            //加入循环单链表 L 中
            r->next=p->next;
```

```
            p->next=r;
        }


    }

//在循环单链表 L 中删除第 i 个元素
void LinkListDelete(LinkList * L,int i)
{
    LinkList * p=L;
    LinkList * q;
    int j;
    if(i==1)                          //判断删除的是否为第一个元素
    {
        q=L->next;
        L->next=q->next;              //回指
        free(q);
    }
    else
    {
        p=L->next;
        for(j=1;j<i-1&&p!=L;j++)       //查找第 i-1 个结点
        {
            p=p->next;                //找到下一个结点
        }
        if(p!=L)                      //注意循环单链表判断结束的条件
        {
            q=p->next;
            p->next=q->next;          //从链表中删除该结点
            free(q);                  //成功删除该结点
        }
        else
            printf("无");             //若未找到第 i-1 个结点,则给出适当的提示
    }

}

//头插法建立循环单链表 L
void CreateLinkListF(LinkList * L,ElemType d[],int n)
{
    LinkList * r;
    int i;
    L->next=NULL;
    for(i=0;i<n;i++)
```

```
        {
            r=(LinkList *)malloc(sizeof(LinkList));    //创建新结点
            r->data=d[i];                              //为新结点赋值
            //将新结点加入头结点之后
            r->next=L->next;
            L->next=r;
        }
        r=L->next;
        while(r->next!=NULL)
            r=r->next;
        r->next=L;
    }

    //尾插法建立循环单链表 L
    void CreateLinkListR(LinkList * L,ElemType d[],int n)
    {
        LinkList * s;
        LinkList * t;
        L->next=NULL;
        t=L;                                           //t 指向尾结点
        for(int i=0;i<n;i++)
        {
            s=(LinkList *)malloc(sizeof(LinkList));    //创建新结点
            s->data=d[i];                              //为新结点赋值
            //将新结点加入尾结点之后
            t->next=s;
            t=s;                                       //t 重新指向尾结点
        }
        t->next=L;                                     //尾结点的 next 域回指
    }

    //输出显示循环单链表 L 中的元素
    void DispLinkList(LinkList * L)
    {
        LinkList * p=L->next;
        while(p!=L)
        {
            printf("%c ",p->data);
            p=p->next;
        }
    }

    //主函数
    void main()
    {
        LinkList * L=(LinkList *)malloc(sizeof(LinkList));
```

```
ElemType e;
printf("1.初始化循环单链表\n");
InitLinkList(L);
printf("2.插入元素 h、e、l、l、o\n");
LinkListInsert(L,1,'h');
LinkListInsert(L,2,'e');
LinkListInsert(L,3,'l');
LinkListInsert(L,4,'l');
LinkListInsert(L,5,'o');
printf("3.循环单链表元素为:");
DispLinkList(L);
printf("\n");
printf("4.长度为%d\n",LinkListLength(L));
printf("5.循环单链表是否为空？");
if(LinkListEmpty(L)==1)
    printf("非空\n");
else
    printf("空\n");
printf("6.循环单链表的第 5 个元素是:%c\n",GetLinkListElem(L,5));
printf("7.元素'h'的位置是:%d\n",LocateLinkListElem(L,'h'));
printf("8.删除第 2 个元素,并在第 2 个元素位置上插入'w'元素\n");
LinkListDelete(L,2);
LinkListInsert(L,2,'w');
printf("9.输出当前循环单链表:");
DispLinkList(L);
printf("\n");
printf("10.销毁循环单链表");
DestroyLinkList(L);
}
```

（4）对应于第 2 部分内容，双向循环链表如图 1-7 所示。

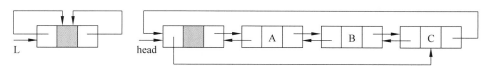

(a) 空的双向循环链表　　　　　　　　　　　(b) 非空的双向循环链表

图 1-7　双向循环链表

双向循环链表代码

双向循环链表视频讲解

双向循环链表的基本操作算法实现如下。

```
#include<stdio.h>
#include<malloc.h>
typedef char ElemType;              //值域类型
typedef  struct  LNode
{
    ElemType data;                  //存储链表的元素空间
    struct LNode * prior;           //前驱结点
    struct LNode * next;            //后继结点
}LinkList;                          //双向循环链表结点类型的定义

//基本算法
void InitLinkList(LinkList * L)     //构造一个空的双向循环链表 L
{
    L->prior=L->next=L;            //空的双向循环链表 L 的 prior 域和 next 域均回指
}

//销毁双向循环链表 L
void DestroyLinkList(LinkList * L)
{
    LinkList * s,* t;              //分别指向当前结点及其前驱结点
    t=L;                          //指向头结点
    s=t->next;                    //当前结点初始值
    while(s!=L)                   //判断是否结束,注意循环双链表判断结束的条件
    {
        //逐个释放
        free(t);
        t=s;
        s=t->next;
    }
    free(t);
}

int  LinkListEmpty(LinkList * L) //判断双向循环链表 L 是否为空
{
    if(L->next==L)
        return 0;                //若双向循环链表为空,则返回 0
    else
        return 1;                //若双向循环链表不为空,则返回 1
}

//求双向循环链表 L 的长度,即元素个数
int LinkListLength(LinkList * L)
{
    int i;                       //i 用于计数
```

```
        LinkList * p=L;
        for(i=0;p->next!=L;i++)        //i 的初值为 0
        {
            p=p->next;                  //指向下一个结点
        }
        return i;                       //循环结束得到总长度值 i
    }


//获取双向循环链表 L 中第 i 个结点的元素值
ElemType GetLinkListElem(LinkList * L,int i)
{
    ElemType e;                     //用于存储返回元素的值
    int j;
    LinkList * p=L->next;           //指向头结点
    if(i==1)                        //判断是否为第一个结点
    {
        e=L->next->data;            //获取第一个结点的值域
        return e;                   //返回第一个结点的元素值
    }
    else
    {
        for(j=1;j<=i-1&&p!=L;j++)
                            //p 指向符合要求的位置,注意双向循环链表判断结束的条件
        {
            p=p->next;              //指向下一个结点
        }
        if(p!=L)                    //注意双向循环链表判断结束的条件
        //若存在第 i 个结点,则返回元素值
        {
            e=p->data;
            return e;
        }
        else                        //若不存在符合要求的结点,则给出适当的提示
            printf("无\n");
    }

}

//在双向循环链表 L 中查找第一个值域为 e 的元素的位序
int LocateLinkListElem(LinkList * L,ElemType e)
{
    int i;
    LinkList * p=L->next;                      //首结点序号为 1,初值为 1
```

```
        for(i=1;p!=L&&p->data!=e;i++)              //查找值域为 e 的结点
        {
            p=p->next;                             //指向下一个结点
        }
        if(p!=L)                                   //注意双向循环链表判断结束的条件
            return i;                              //若存在,则返回值域为 e 的结点位置 i
        else
            //若不存在与 e 值相等的结点时,则给出适当的提示
            printf("无\n");
    }


//在双向循环链表 L 中将 e 插入第 i 个位置
void LinkListInsert(LinkList * L,int i,ElemType e)
{
    LinkList * p=L;                                //p 指向头结点
    LinkList * r;                                  //r 指向新结点,即值域为 e 的结点
    int j;
    if(i==1)                                       //插入第 1 个位置
    {
        r=(LinkList *)malloc(sizeof(LinkList));     //创建新结点
        r->data=e;                                  //为其赋值
        //将新结点根据双向循环链表的特性插入双向循环链表中
        r->next=p->next;
        p->next=r;
        r->next->prior=r;
        r->prior=p;
    }
    else if(p->next==L)                            //原单链表为空表或者只有一个元素
    {
        r=(LinkList *)malloc(sizeof(LinkList));     //创建新结点 r
        r->data=e;                                  //为其赋值
        //将新结点根据双向循环链表的特性插入双向循环链表中
        p->next=r;
        r->next=p;
        p->prior=r;
        r->prior=p;
    }
    else
    {
        p=L->next;
        for(j=1;j<i-1&&p!=L;j++)                    //查找第 i-1 个结点
        {
            p=p->next;                             //指向下一个结点
        }
```

```
            if(p==L)
                printf("无\n");                    //若未找到,则给出适当的提示
            else
            {
                r=(LinkList * )malloc(sizeof(LinkList));
                                    //创建新结点 r,其值域为 e,将其插入第 i-1 个位置之后
                r->data=e;                         //为其赋值
                //将新结点根据双向循环链表的特性插入双向循环链表中
                r->next=p->next;
                if(p->next!=NULL)p->next->prior=r;
                r->prior=p;
                p->next=r;
            }
        }
}


//在双向循环链表 L 中删除第 i 个元素
void LinkListDelete(LinkList * L,int i)
{
    LinkList * p=L;
    LinkList * q;
    int j;
    if(i!=1)
    {
        p=L->next;
        for(j=1;j<i-1&&p!=NULL;j++)        //查找第 i-1 个结点
            p=p->next;                     //指向下一个结点
        if(p==NULL)                        //若未找到第 i-1 个结点,则给出适当的提示
            printf("无\n");
        else
        {
            q=p->next;
            if(q==NULL)
                printf("无\n");            //若未找到第 i-1 个结点,则给出适当的提示
            p->next=q->next;               //从链表中删除该结点
            if(p->next!=NULL)
                p->next->prior=p;
            free(q);                       //成功删除该结点
        }
    }
    else                                   //i 等于 1 时
    {
        q=L->next;
        L->next=q->next;
```

```
            q->next->prior=L;
            free(q);
        }
    }


    //头插法建立双向循环链表 L
    void CreateLinkListF(LinkList * L,ElemType d[],int n)
    {
        LinkList * r;
        int i;
        L->next=NULL;
        for(i=0;i<n;i++)
        {
            r=(LinkList * )malloc(sizeof(LinkList));        //创建新结点 r
            r->data=d[i];                                   //为新结点赋值
            //将新结点 r 加入到头结点之后
            r->next=L->next;
            if(L->next!=NULL)
                L->next->prior=r;
            L->next=r;
            r->prior=L;
        }
        r=L->next;
        while(r->next!=NULL)
            r=r->next;
        r->next=L;
        L->prior=r;
    }


    void CreateLinkListR(LinkList * L,ElemType d[],int n)  //尾插法建立双向循环链表 L
    {
        int i;
        LinkList * p, * q;
        L->next=NULL;
        q=L;                                                //q 指向尾结点
        for(i=0;i<n;i++)
        {
            p=(LinkList * )malloc(sizeof(LinkList));         //创建新结点 p
            p->data=d[i];                                    //为新结点赋值
            //将新结点 r 加入到头结点之后
            q->next=p;
            p->prior=q;
            q=p;                                             //q 重新指向尾结点
        }
```

```
        q->next=L;                  //尾结点的 next 域回指
        L->prior=q;
}

//输出显示双向循环链表 L 的各个元素值
void DispLinkList(LinkList * L)
{
    LinkList * p;
    p=L->next;                  //p 指向头结点后的第一个结点
    while(p!=L)                 //判断是否结束,注意双向循环链表的判断结束的条件
    {
        printf("%c ",p->data);  //依次显示输出元素值
        p=p->next;              //指向下一个结点
    }
}

//主函数
void main()
{
    LinkList * L=(LinkList *)malloc(sizeof(LinkList));
    ElemType e;
    printf("1.初始化双向循环链表\n");
    InitLinkList(L);
    printf("2.插入元素 h、e、l、l、o\n");
    LinkListInsert(L,1,'h');
    LinkListInsert(L,2,'e');
    LinkListInsert(L,3,'l');
    LinkListInsert(L,4,'l');
    LinkListInsert(L,5,'o');
    printf("3.双向循环链表元素为:");
    DispLinkList(L);
    printf("\n");
    printf("4.长度为%d\n",LinkListLength(L));
    printf("5.双向循环链表是否为空?");
    if(LinkListEmpty(L)==1)
        printf("非空\n");
    else
        printf("空\n");
    printf("6.双向循环链表的第 5 个元素是:%c\n",GetLinkListElem(L,5));
    printf("7.元素 'h'的位置是:%d\n",LocateLinkListElem(L,'h'));
    printf("8.删除第 2 个元素,并在第 2 个元素位置上插入'w'元素\n");
    LinkListDelete(L,2);
    LinkListInsert(L,2,'w');
    printf("9.输出当前双向循环链表:");
    DispLinkList(L);
    printf("\n");
```

```
    printf("10.销毁双向循环链表");
    DestroyLinkList(L);
}
```

4. 程序的运行结果

(1) 单链表的基本操作程序的运行结果如图 1-8 所示。

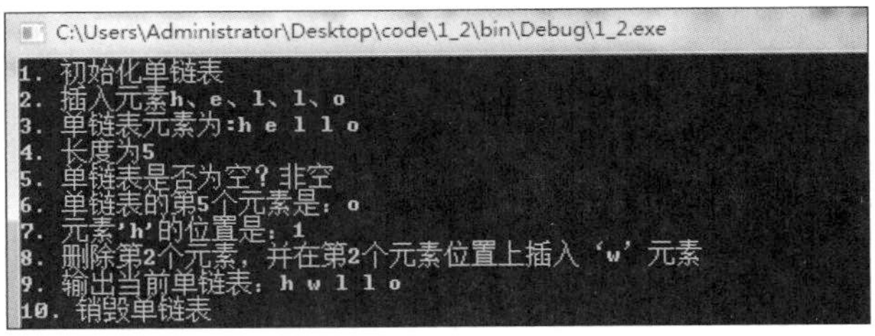

图 1-8　单链表的基本操作程序运行结果

(2) 双向链表的基本操作程序运行结果如图 1-9 所示。

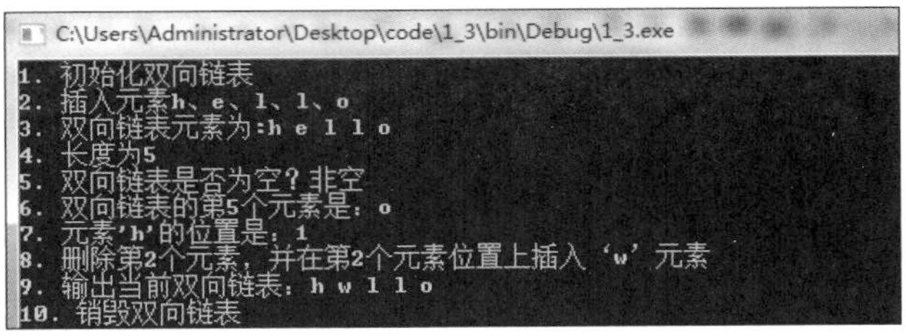

图 1-9　双向链表的基本操作程序运行结果

(3) 循环单链表的基本操作程序运行结果如图 1-10 所示。

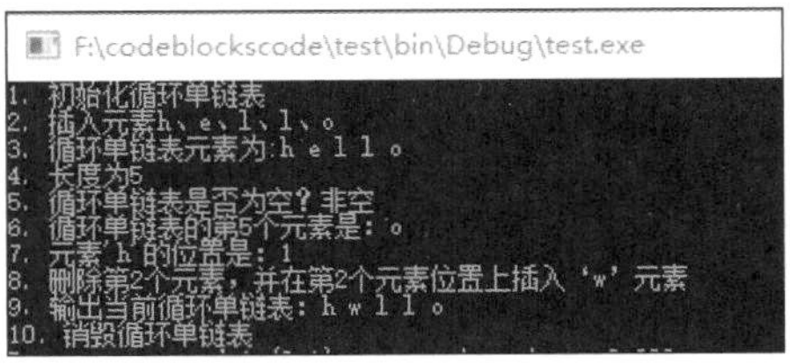

图 1-10　循环单链表的基本操作程序运行结果

(4) 双向循环链表的基本操作程序运行结果如图 1-11 所示。

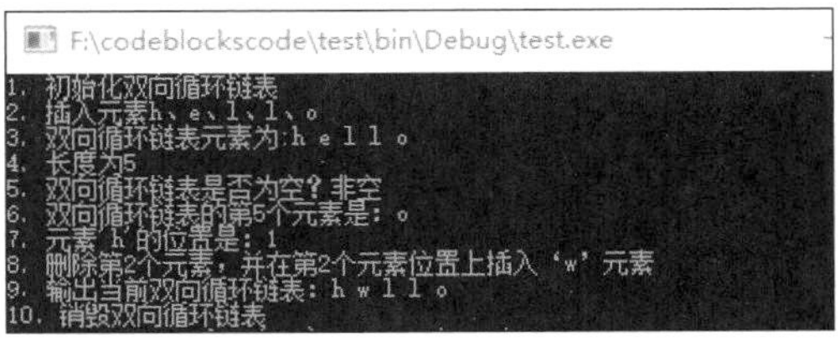

图 1-11　双向循环链表的基本操作程序运行结果

1.5　设计性实验

1.5.1　设计性实验项目

　　本部分可作为数据结构实验的实验课内容、课后练习题、数据结构理论课或实验课作业等使用。也可将本部分作为设计性实验使用,并布置在相应的在线实验平台上,配合在线平台使用。其中,部分题目结合各类程序设计竞赛或考研真题所考查知识点设置。

　　【项目 1-1】　(本题目结合考研真题考查知识点设置)两个非降序链表的并集,例如将链表 1→2→3 和 2→3→5 并为 1→2→3→5,只能输出结果,不能修改两个链表的数据。

　　(1) 题目要求。

　　① 输入形式。

　　第一行为第一个链表的各结点值,以空格分隔。

　　第二行为第二个链表的各结点值,以空格分隔。

　　② 输出形式。

　　合并好的链表,以非降序排列,值与值之间以空格分隔。

　　③ 样例输入。

```
1 2 3
2 3 5
```

　　④ 样例输出。

```
1 2 3 5
```

　　(2) 题目分析。

　　由于链表是递增有序的,并且两个链表中可能有相同的元素,因此一次扫描两个链表,按照递增的顺序加入新表中,并且去除相同元素,直至搜索完毕。

　　(3) 题目代码。

题目代码

```c
#include<stdio.h>
#include<malloc.h>
typedef struct Node {
    int data;               //存储链表的元素的空间
    struct Node * next;     //后继结点
}list;                      //单链表结点类型定义

//建立两个待合并的链表 list1 和 list2
void create(list * list1,list * list2)
{
    list * p1 = list1;
    list * p2 = list2;
```

```
            char ch1,ch2;
            int data;
            do
            {
                scanf("%d",&data);
                list * temp;
                temp=(list *)malloc(sizeof(list));
                temp->next=NULL;
                temp->data=data;
                p1->next=temp;
                p1=p1->next;
            }while((ch1=getchar())!='\n');

            do
            {
                scanf("%d",&data);
                list * temp;
                temp=(list *)malloc(sizeof(list));
                temp->next=NULL;
                temp->data=data;
                p2->next=temp;
                p2=p2->next;

            }while((ch2=getchar())!='\n');
        }

//合并链表 list1 和链表 list2
void merge(list * list1,list * list2)
{
    list * p1=list1->next;
    list * p2=list2->next;
    list * p=list1;

    while(p1&&p2)                           //终止条件
    {
        if(p1->data<=p2->data)              //选择较小的结点加入
        {
            p->next=p1;
            p=p->next;
            p1=p1->next;
        }
        else
        {
            p->next=p2;
```

```
            p=p2;
            p2=p2->next;
        }
    }
    if(p1)                          //将剩余结点加入
    {
        p->next=p1;
    }
    else                            //将剩余结点加入
    {
        p->next=p2;
    }
    free(list2);
}


//销毁单链表 L
void DestroyList(list * L)
{
    list * pre=L, * p=pre->next;
    while(p!=NULL)
    {
        free(pre);
        pre=p;
        p=pre->next;
    }
    free(pre);
}


//主函数
int main()
{
    list * list1;
    list * list2;
    list1=(list *)malloc(sizeof(list)); //第一个待合并的单链表 list1
    list2=(list *)malloc(sizeof(list)); //第二个待合并的单链表 list2
    list1->next=NULL;                   //初始时 list1 的 next 域为空
    list2->next=NULL;                   //初始时 list2 的 next 域为空
    create(list1,list2);            //根据用户输入,创建两个待排序的链表 list1 和 list2
    merge(list1,list2);                 //合并两个链表 list1 和 list2
    list * p=list1->next;
    while(p->next)                      //输出显示合并后的结果
    {
        if(p->data==p->next->data)
        {
```

```
            p=p->next;
        }
        else
        {
            printf("%d ",p->data);
            p=p->next;
        }
    }
    printf("%d\n",p->data);
    DestroyList(list1);                    //销毁单链表 list1
    return 0;
}
```

(4) 项目 1-1 运行结果如图 1-12 所示。

图 1-12   项目 1-1 运行结果

【项目 1-2】　(本题目结合考研真题考查知识点设置)在不改变顺序表的前提下,设计一个尽可能高效的算法,查找顺序表中的最大值和最小值元素,并输出该结点的位置。

(1) 题目要求。

① 输入形式。

顺序表。

② 输出形式。

找到的最大值、最小值以及对应的元素位置。

③ 样例输入。

1 2 3 4 5 6 7 8 9 0

④ 样例输出。

9 0 9 1 0

(2) 题目分析。

从第一个结点开始逐个扫描一遍所有元素,首先将第一个元素作为最大值和最小值的初值。找到比当前最大值更大的值将其最大值替换,并记录位置;同理,找到比当前最小值更小的值将其最小值替换,并记录位置。这样只需要扫描一次即可得到最大值、最小值以及最大值、最小值所对应的元素位置。

(3) 题目代码。

```
#include<stdio.h>
#include<malloc.h>
```

题目代码

```
#define LIST_INIT_SIZE 100
typedef int ElemType;
typedef struct
{
    ElemType data[LIST_INIT_SIZE];          //存储顺序表元素的空间
    int length;                             //顺序表的长度
}SqList;                                     //顺序表的类型

//同时获取最大值和最小值
void MaxMin(SqList * L)
{
    int i,max,min,m,n;          //max 存储最大值,min 存储最小值,m 和 n 分别为位置标记
    max=L->data[0];                         //max 的初始值为 data[0]
    min=L->data[0];                         //min 的初始值为 data[0]
    m=n=0;                                  //位置标记初始值为 0
    for(i=0;i<L->length;i++)                //逐个查找比较
    {
        if(L->data[i]>max)                  //找到比当前 max 大的值
        {
            max=L->data[i];                 //替换 max
            m=i;                            //记录位置
        }
        else
        {
            min=L->data[i];                 //替换 min
            n=i;                            //记录位置
        }
    }
    printf("%d,%d,%d,%d",max,min,m+1,n+1);  //输出结果
}

//整体建立顺序表
void CreateList(SqList * L)
{
    int i=0;
    char ch;
    do
    {
        scanf("%d",&L->data[i]);
        i++;

    }while((ch=getchar())!='\n');
    L->length=i;
}
```

```
//销毁线性表 L
void DestroyList(SqList * L)
{
    free(L);
}


//主函数
void main()
{
    SqList * L=(SqList *)malloc(sizeof(SqList));
    CreateList(L);
    MaxMin(L);
    DestroyList(L);
}
```

(4) 项目 1-2 运行结果如图 1-13 所示。

图 1-13　项目 1-2 运行结果

【**项目 1-3**】　(本题目结合程序竞赛考查知识点设置)生活中的约瑟夫问题——"孩子报数问题"。有 n 个孩子,围成一个圈,从 1 开始依次为他们编号,现指定从第 w 个孩子开始报数,报到第 s 个孩子时,该孩子出列,然后从下一个孩子开始继续报数,仍是报到第 s 个出列……以此类推,直至所有孩子均出列为止,显示输出出列顺序。

(1) 题目要求。

① 输入形式。

输入小孩的人数 n 及输入 w、s(w<n),三者间用空格间隔。

② 输出形式。

从 0 开始按照编号输出孩子的出列顺序。

③ 样例输入。

5 2 3

4) 样例输出

4 2 1 3 5

(2) 题目分析。

本题为约瑟夫问题,可用循环链表或顺序表存储孩子的序号作为本题的数据存储结构,本题的样例解法采用顺序表方式。设第 i 个位置上孩子的序号名为 name[i],对应的序号为 p[i] (0<=i<=n-1)。

初始时,开始报数位置为 w=(w+n-1)％n,每次出列孩子的位置为 w=(w+s-

1)％n,出列孩子序号为 name[p[w]]。出列时将 p[w＋1]…p[n]顺次向前移动一个
位置。

（3）题目代码。

```
#include<stdio.h>
#include<malloc.h>
#define LIST_INIT_SIZE 100              //最大长度值
typedef int ElemType;                   //数据类型
typedef struct
{
    ElemType name[LIST_INIT_SIZE];      //存储顺序表元素的空间
    int n;                              //顺序表的长度
}SqList;                                //顺序表的类型
void main()
{
    SqList * L=(SqList *)malloc(sizeof(SqList));
    char c;
    int n;
    int w,s;
    scanf("%d %d %d",&L->n,&w,&s);      //接收用户输入值
    c=getchar();
    int p[LIST_INIT_SIZE];
    for(int i=0;i<L->n;i++)
        L->name[i]=i;
    for(int i=0;i<L->n;i++)
        p[i]=i;
    n=L->n;
    w=(w+n-1)%n;                        //注意取模
    do{
        w=(w+s-1)%n;                    //注意取模
        printf("%d ",L->name[p[w]]+1);
        for(int i=w;i<n-1;i++)
            p[i]=p[i+1];
    }while(--n);
    free(L);
}
```

题目代码

（4）项目 1-3 运行结果如图 1-14 所示。

图 1-14　项目 1-3 运行结果

【项目1-4】 (本题目结合程序竞赛考查知识点设置)A 和 B 驾车行驶里程问题。A 和 B 驾车行驶,但其里程表坏了,因此无法查看他们车辆行驶的里程数,但是 B 有一个可运行的跑表,跑表记录了行驶速度和行驶时间,这样可以根据上述信息计算总的行驶距离。编写一个程序,存储表中信息,并计算行驶总距离。

(1) 题目要求。

① 输入形式。

第一列为每小时速度,单位为英里/小时;

第二行为与第二行记录相对应的总的耗时时间,单位为小时。

② 输出形式。

行驶总距离

③ 样例输入。

```
20  30  10
2   6   7
```

④ 样例输出。

```
170miles
```

(2) 题目分析。

本题是一道直叙式模拟题,可将里程表中的每小时速度和相对应的总的耗时时间分别放在两个顺序表中。初始时,里程数为 S＝0,计算第一个时间段行驶距离为 S＝v1 * t1,若上一记录的时间为 t1,本次时间为 t2,记录的速度为 v2,则当前跑的距离在原有基础上增加(t2－t1) * v2。以此类推,直至顺序表末尾。

(3) 题目代码。

题目代码

```c
#include<stdio.h>
#include<malloc.h>
#define LIST_INIT_SIZE 100
typedef int ElemType;
typedef struct
{
    ElemType data[LIST_INIT_SIZE];      //存储顺序表元素的空间
    int length;                         //顺序表的长度
}SqList;                                //顺序表的类型

//计算距离
int CalDistance(SqList * L1,SqList * L2)
{
    int i,sum;
    sum=L1->data[0] * L2->data[0];
    for(i=1;i<L1->length;i++)
    {
```

```
            sum+=(L2->data[i]-L2->data[i-1]) * L1->data[i];
        }
        return sum;
}


//整体建立顺序表
void CreateList(SqList * L)
{
    int i=0;
    char ch;
    do
    {
        scanf("%d",&L->data[i]);
        i++;

    }while((ch=getchar())!='\n');
    L->length=i;
}


//销毁顺序表 L
void DestroyList(SqList * L)
{
    free(L);
}


//主函数
void main()
{
    SqList * L1=(SqList * )malloc(sizeof(SqList));
    SqList * L2=(SqList * )malloc(sizeof(SqList));
    CreateList(L1);
    CreateList(L2);
    int sum;
    sum=CalDistance(L1,L2);
    printf("行驶总距离为%d miles",sum);
    DestroyList(L1);
    DestroyList(L2);
}
```

（4）项目 1-4 运行结果如图 1-15 所示。

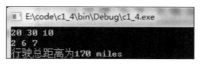

图 1-15　项目 1-4 运行结果

【项目 1-5】 （本题目结合考研真题考查知识点设置)给定一个顺序表,升序排列,要求删除其中的重复元素。

(1) 题目要求。

① 输入形式。

带有重复元素的一个顺序表。

② 输出形式。

去掉重复元素后的顺序表。

③ 样例输入。

```
1 2 3 3 3 4 5
```

④ 样例输出。

```
1 2 3 4 5
```

(2) 题目分析。

由于线性表是递增有序的,值相同的元素必为相邻元素。依次比较相邻的两个元素,如果值相等则删除其中的一个元素;若值不相等,则继续向后查找,直至搜索到最后一个元素结点。

(3) 题目代码。

题目代码

```c
#include<stdio.h>
#include<malloc.h>
#define LIST_INIT_SIZE 100
typedef char ElemType;
typedef struct
{
    ElemType data[LIST_INIT_SIZE];      //存储顺序表元素的空间
    int length;                         //顺序表的长度
}SqList;                                //顺序表的类型

//整体建立顺序表
void CreateList(SqList * L)
{
    int i=0;
    char ch;
    do
    {
        scanf("%c",&L->data[i]);
        i++;

    }while((ch=getchar())!='\n');
    L->length=i;
}
```

```c
//删除顺序表 L 中的重复元素
SqList * Delete(SqList * L)
{
    int m,n;
    m=1;
    while(m<L->length)
        if(L->data[m]!=L->data[m+1])
    //依次比较相邻的两个元素,若值不相等,则继续向后查找,直至搜索到最后一个元素结点
            m++;
        else                //依次比较相邻的两个元素,如果值相等,则删除其中的一个元素
        {
            for(n=m+1;n<L->length;n++)
                L->data[n]=L->data[n+1];
            L->length=L->length-1;
        }
    return L;
}


//输出显示顺序表 L 元素
void DispList(SqList * L)
{
    for(int i=0;i<L->length;i++)
        printf("%c ",L->data[i]);
    printf("\n");
}


//销毁顺序表 L
void DestroyList(SqList * L)
{
    free(L);
}


//主函数
void main()
{
    SqList * L=(SqList * )malloc(sizeof(SqList));
    CreateList(L);
    Delete(L);
    DispList(L);
    DestroyList(L);
}
```

（4）项目 1-5 运行结果如图 1-16 所示。

C:\Users\Administrator\Desktop\code\c1_6\bin\Debug\c1_6.exe
```
1 2 3 3 3 4 5
1 2 3 4 5
```

图 1-16　项目 1-5 运行结果

【项目 1-6】 （本题目结合程序设计竞赛考查知识点设置）已知 L 是一个非空单链表,Head 是其头指针。编写一个算法,将单链表 L 中的所有元素逆置。

(1) 题目要求。

① 输入形式。

输入单链表的头指针 Head。

② 输出形式。

输出单链表的逆置。

③ 样例输入。

1 2 3

④ 样例输出。

3 2 1

(2) 题目分析。

从第一个结点开始逐个扫描一遍单链表 L 的所有元素,首先将第一个结点的 next 域置为 NULL,第二个结点的 next 域指向第一个结点,以此类推,Head 结点指向最后一个结点,再次依次输出新的单链表中各元素的值。

(3) 题目代码。

题目代码

```c
#include<stdio.h>
#include<malloc.h>
typedef struct Node {
    char data;                //存储链表的元素空间
    struct Node * next;       //后继结点
}list;                        //单链表结点类型定义

//根据用户输入,建立链表 l
void create(list * l)
{
    list * p = l;
    char ch;
    do
    {

        list * temp=(list * )malloc(sizeof(list));
        scanf("%c",&temp->data);
        temp->next=NULL;
```

```
        p->next=temp;
        p=p->next;



    }while((ch=getchar())!='\n');
}


//逆置函数
void convert(list * l)
{
    list * p=(list *)malloc(sizeof(list));
    list * q=(list *)malloc(sizeof(list));
    list * r=(list *)malloc(sizeof(list));
    p=l->next;
    q=p->next;
    p->next=NULL;
    while(q!=NULL)
    {
        r=q->next;
        q->next=p;
        p=q;
        q=r;
    }
    l->next=p;
}


//销毁单链表 L
void DestroyList(list * L)
{
    list * pre=L, * p=pre->next;
    while(p!=NULL)
    {
        free(pre);
        pre=p;
        p=pre->next;
    }
    free(pre);
}


//主函数
int main()
{
    list * l=(list *)malloc(sizeof(list));
    l->next=NULL;
```

```
create(l);
convert(l);
list * p=l->next;
while(p->next)
{
        printf("%c ",p->data);
        p=p->next;
}
printf("%c ",p->data);
DestroyList(l);
return 0;
}
```

(4) 项目 1-6 运行结果如图 1-17 所示。

图 1-17   项目 1-6 运行结果

1.5.2　习题与指导

【习题 1-1】　(本题目结合程序竞赛考查知识点设置)减少失业救济队列问题。本问题类似约瑟夫环问题,每天救济申请被排成一队放在一个圆圈中,选取其中一人将其设置编号为 1,依次按照逆时针方向进行编号,编号最大值为 n(最后一人,其右侧人编号为 1)。有两位负责人,负责人 A 从 1 开始清点,顺时针到申请 k 份申请;负责人 B 从 n 开始逆时针方向清点,清点到第 m 份。这两个人选出去再次培训。如果两个负责人选择的是同一人,则该申请人去当一个政治家。接着继续寻找下一个这样的人,直到圈中无人。输出政治家编号。

习题指导:本题目与标准的约瑟夫环问题不同,其报数的位置是从两个开始位置出发沿着两个不同的方向进行,因 k 与 m 的值可能不同,因此步长值可能不同,可在约瑟夫环问题上做进一步改进。

【习题 1-2】　(本题目结合程序竞赛考查知识点设置)整数划分问题。将正整数 n 表示成一系列正整数之和,这种划分称为正整数 n 的划分。求正整数 n 的不同划分个数和方案,如正整数 6 有如下 11 种划分:6;5+1;4+2;4+1+1;3+3;3+2+1;3+1+1+1;2+2+2;2+2+1+1;2+1+1+1+1;1+1+1+1+1+1。

习题指导:输入形式为待划分整数 n,输出形式为划分数及对应划分方案。本题可建立线性表存储划分方案,增加一个自变量,将最大加数 n 不大于 m 划分个数计作 $q(n, m)$,得到如下递归:

$$q(n,m)=\begin{cases}1 & n=1,m=1\\ q(n,n) & n<m\\ 1+q(n,n-1) & n=m\\ q(n,m-1)+q(n-m,m) & n>m>1\end{cases}$$

【习题 1-3】 （本题目结合考研真题考查知识点设置）单链表的应用。设 A、B 分别为两个带头结点单链表的头指针,这里表中的结点数据均为整数。设计程序,以表 C 存储表 A 和表 B 的数据交集。

习题指导:本题目考查单链表的构造、数据比较和遍历,基本思路可每次从 A 中选取元素,如果 B 中有相同的元素则插入 C 中。

【习题 1-4】 （结合考研真题考查知识点设置）循环单链表的应用。假设某循环单链表非空,指针 q 指向该链表的某结点,设计一个算法,将 q 所指结点的后继结点变为所指结点的前驱结点。

习题指导:首先找到 q 结点的前驱、后继结点和前驱的前驱,进而将前驱结点和后继结点交换。

【习题 1-5】 （结合考研真题考查知识点设置）双向循环链表的应用。编写程序判断一个带头结点的双向循环链表是否对称相等。

习题指导:分别设置左指针和右指针,从两边向中间移动,同时判断两指针所指结点数据域是否相等,即是否对称。请注意,结束条件为左右两指针指向同一位置或交叉。

1.6　应用性探究式综合创新型实验

本部分题目为应用性探究式综合创新型实验,题目以应用型题目为主,可在分析题目需求的基础上进一步设计、实现。因此,建议需求分析合理即可。

1.6.1　实验项目范例

数据库管理系统（计算机系统能力的融合性应用题目）

代码获取　　　　　　　视频讲解　　　　　　　课件

1. 问题描述

数据库理论是计算机专业的重要专业课程,同时,随着计算机技术的发展,信息管理应用的扩大,很多领域都需要使用数据库。通过建立数据库,可以对数据进行增加、删除、查询等操作,可以对数据进行集中管理,以提高效率。

本题目要求建立一个数据库管理系统,可自己定义和创建数据库和相关字段,并控制数据库系统。

2. 实验要求

（1）采用顺序表或链表等数据结构。
（2）创建数据库,命令为 create databasename。

（3）打开数据库,命令为 open。

（4）追加记录或字段,命令为 add。

（5）按条件定位,命令为 locate for。

（6）按条件删除,命令为 delete for。

3. 实验思路

需要设计的函数包括：需要设计一个 help 帮助文档,以便数据库使用者熟悉有哪些功能、对应的命令及如何使用;创建数据库,包括创建哪些字段、字段类型等;打开数据库,打开已经存在的文件(以读写模式),获取已有数据并显示输出;追加记录或字段、按条件定位并输出数据记录、删除指定数据记录等。

4. 题目代码

```c
#include<stdio.h>
#include<malloc.h>
#define LIST_INIT_SIZE 1100
typedef char ElemType;
typedef  struct  LNode
{
    char data[110];                          //存储链表元素的空间
    char type[110];
    struct LNode * next;                      //后继结点
}DbmsLinkList;                                //单链表结点类型定义
typedef  struct
{
    char data[100];
}D1;
int length;
void HelpDbms()                              //显示命名操作
{
    printf("命令表:\n");
    printf("1、创建数据库 create databasename\n");
    printf("2、打开并浏览数据库 open\n");
    printf("3、追加字段 add\n");
    printf("4、按条件定位 locate for 字段\n");
    printf("5、按条件删除 delete for 字段\n");
}
void CreateDbmsStruct(DbmsLinkList * database[],int * length) //建立数据库类型
{
    char ch[110],type[110],tou[]="编号 \0";
    int i;
    database[0]=(DbmsLinkList * )malloc(sizeof(DbmsLinkList));
    strcpy(database[0]->data,tou);
```

```
        strcpy(database[0]->type,"char");
        for(i=1;i<= * length;i++)
        {
            printf("请输入字段%d的名称\n",i);
            scanf("%s",ch);
            printf("请输入字段%d的类型(string,int,double)\n",i);
            scanf("%s",type);
            database[i]=(DbmsLinkList * )malloc(sizeof(DbmsLinkList));
            strcpy(database[i]->data,ch);
            strcpy(database[i]->type,type);
        }
        for(i=0;i<= * length;i++)
        {
            printf("%s(%s)    ",database[i]->data,database[i]->type);
        }
}
void OpenDbms()                    //打开数据库中的文件,并将文件中的数据存入结构体二维数组中
{
    FILE * fp;
    int i,j;
    char * p;
    char * q;
    char *  split=" ";
    D1 temp[100];
    fp=fopen("database.txt","r+");
    for(i=0;i<length;i++)
        fgets(temp[i].data,100,fp);
    for(i=0;i<length;i++)
    {
        printf("%d  ",i);
        p=strtok(temp[i].data,split);
        while(p!=NULL)
        {
            printf("    %s      ",p);
            p=strtok(NULL,split);
        }
    }
}
void AppendDbms(char add[])                        //追加记录,将记录写入数据库文件
{
    FILE * fp;
    char msg[100]="studentD class4 95\n";
    length++;
    fp = fopen("database.txt", "a+");
```

```
            fseek(fp, 0, SEEK_END);
            fwrite(msg, strlen(msg), 1, fp);
            fclose(fp);
        }
        void locate(int search)                          //按条件定位
        {
            FILE * fp;
            int i;
            D1 temp[100];
            fp=fopen("database.txt","r+");
            for(i=0;i<length;i++)
                fgets(temp[i].data,100,fp);
            printf("%s",temp[search].data);
            fclose(fp);
        }
        void Delete(int search)                          //按条件删除
        {
            FILE * fp;
            int i;
            D1 temp[100];
            fp=fopen("database.txt","r+");
            for(i=0;i<length;i++)
                fgets(temp[i].data,100,fp);
            for(i=search;i<length;i++)
            {
                strcpy(temp[i].data,temp[i+1].data);
            }
            length--;
            fclose(fp);
            fp=fopen("database.txt","w");
            for(i=0;i<length;i++)
                fputs(temp[i].data,fp);
            fclose(fp);
        }
        void main()
        {
            DbmsLinkList * database[LIST_INIT_SIZE];     //创建数据库
            char input[LIST_INIT_SIZE],add[LIST_INIT_SIZE]; //存放命令字符串
            int search;
            length=3;
            FILE * fp;
            HelpDbms();
            printf("请输入操作:");
            scanf("%s",input);
```

```
while(strcmp(input,"close")!=0)
{
    if(strcmp(input,"create")==0)
    {
        printf("创建数据库 create:\n");
        CreateDbmsStruct(database,&length);    //建立数据库类型
        printf("\n");
        printf("请输入操作:");
        scanf("%s",input);
    }
    else if(strcmp(input,"open")==0)
    {
        printf("          ");
        OpenDbms();                        //打开并显示
        printf("\n请输入操作:");
        scanf("%s",input);
    }
    else if(strcmp(input,"add")==0)
    {
        AppendDbms(add);                   //追加的记录为 StudentD,Class4,95
        printf("          ");
        OpenDbms();                        //再次打开并显示
        printf("\n请输入操作:");
        scanf("%s",input);
    }
    else if(strcmp(input,"locate")==0)
    {
        printf("请输入要查找的关键字:\n");
        scanf("%d",&search);
        locate(search);
        printf("\n请输入操作:");
        scanf("%s",input);
    }

    else if(strcmp(input,"delete")==0)
    {
        printf("请输入要删除的记录关键字:\n");
        scanf("%d",&search);
        Delete(search);
        printf("          ");
        OpenDbms();                        //再次打开并显示
        printf("\n请输入操作:");
        scanf("%s",input);
    }
}
}
```

5. 运行结果

数据库管理系统运行结果如图 1-18 所示。

```
命令表:
1、创建数据库create databasename
2、打开并浏览数据库open
3、追加字段add
4、按条件定位locate for字段
5、按条件删除delete for字段
请输入操作: create
创建数据库create:
请输入字段1的名称
name
请输入字段1的类型(string,int,double)
string
请输入字段2的名称
class
请输入字段2的类型(string,int,double)
string
请输入字段3的名称
score
请输入字段3的类型(string,int,double)
int
编号(char)    name(string)    class(string)    score(int)
请输入操作: open
       0         StudentA         Class1           95
       1         StudentB         Class2           90
       2         StudentC         Class3           98

请输入操作: add
       0         StudentA         Class1           95
       1         StudentB         Class2           90
       2         StudentC         Class3           98
       3         StudentD         Class4           95

请输入操作: locate
请输入要查找的关键字:
1
StudentB Class2 90

请输入操作: delete
请输入要删除的记录关键字:
1
       0         StudentA         Class1           95
       1         StudentC         class3           98
       2         StudentD         Class4           95

请输入操作: close
```

图 1-18   数据库管理系统运行结果

1.6.2   实验项目与指导

实验项目 1:大整数计算器。

1. 问题描述

设计一个大整数运算计算器。

2. 实验要求

(1)采用顺序表或链表定义的 n 元组数据结构。
(2)输入并生成大整数。
(3)完成定义的大整数的加减运算。

3. 实验思路

在现实中,存在许多大整数,难以直接用计算机存储并进行计算。本实验设计一款适用于大整数的计算器,如以 12 位长整数为例,把长整数拆分为一个三元组,完成加法和减法的运算。

实验项目 2：一元多项式的运算。

1. 问题描述

模拟教材中一元多项式的内容,设计一个一元多项式简单计算器。

2. 实验要求

(1) 采用顺序表或链表等数据结构。
(2) 输入并建立多项式。
(3) 输出运算结果的多项式。

3. 实验思路

一元多项式的运算包括加、减和乘法,但是由于减法和乘法均可以借助加法间接实现,所以本实验只实现加法操作功能即可。

符号多项式的操作,已经成为表处理的典型用例。在数学上,一个一元多项式 $P_n(x)$ 可按升幂写成：

$$P_n(x) = p_0 + p_1 x + p_2 x^2 + \cdots + p_n x^n$$

它由 $n+1$ 个系数唯一确定。因此,在计算机里,它可用一个线性表 P 来表示：

$$P = (p_0, p_1, p_2, \cdots, p_n)$$

每一项的指数 i 隐含在其系数 p_i 的序号里。

假设 $Q_m(x)$ 是一元 m 次多项式,同样可用线性表 Q 来表示：

$$Q = (q_0, q_1, q_2, \cdots, q_m)$$

不失一般性,设 $m < n$,则两个多项式相加的结果 $R_n(x) = P_n(x) + Q_m(x)$ 可用线性表 R 表示：

$$R = (p_0 + q_0, p_1 + q_1, p_2 + q_2, \cdots, p_m + q_m, p_{m+1}, \cdots, p_n)$$

显然,可以对 P、Q 和 R 采用顺序存储结构,使得多项式相加的算法定义更简洁。在通常的应用中,多项式的次数可能变化很大、很高,使得顺序存储结构的最大长度难以确定。特别是,在处理项数少且次数特别高的情况下,对内存空间的浪费是相当大的。因此,一般情况下,都是采用链式存储结构处理多项式的运算,分别使用两个链表 P 和 Q 分别表示待相加的两个一元多项式,每个结点对应一元多项式中的一项。一元多项式计算器的运算包括加、减和乘法,但是由于减法和乘法均可以借助加法间接实现,所以本实验只实现加法操作功能即可。

实验项目 3：复数四则运算。

1. 问题描述

设计一个简单的复数四则运算计算器。

2. 实验要求

(1) 采用顺序表或链表等数据结构。

(2) 输入并生成复数。

(3) 可将多个复数存储在顺序表或链表中实现逐个相加、减、乘或除运算。

(4) 输出运算结果的标准复数形式。

3. 实验思路

可用链表来存储待运算的复数,复数结构体的定义如下。

```
typedef struct{
    float real;
    float imag;
}ComPlex;
typedef struct ComplexNode {
    Complex   data;                          //数据
    struct ComplexNode * next;               //下一个指针
} ComplexNode;
```

应实现复数的加、减、乘、除运算等操作。

(1) ComplexListNew(L):构造一个空的复数线性表 L。

(2) ComplexNodeNew(L,e):建立链表中的数据元素为 e 的新结点。

(3) ComplexListFree(L):释放链表。

(4) ComplexListIsEmpty(L):判断链表是否为空,如果为空返回 TRUE,否则返回 FALSE。

(5) ComplexListInsertFront(L,e):头插法插入元素 e。

(6) ComplexListPopFront(L,e):删除链表头结点并用 e 返回其数据元素。

(7) ComplexListPrint(L):遍历链表中所有结点,并打印输出。

(8) Complex ComplexAdd(Complex _a,Complex _b):复数相加。

(9) Complex ComplexSub(Complex _a,Complex _b):复数相减。

(10) Complex ComplexMul(Complex _a,Complex _b):复数相乘。

(11) Complex ComplexDiv(Complex _a,Complex _b):复数相除。

实验项目 4:元素整体互换。

1. 问题描述

对线性表中的前 M 个元素和后 N 个元素整体互换。

2. 实验要求

设计元素整体互换的模拟程序。

（1）采用顺序表存储结构实现。

（2）采用链表存储结构实现。

（3）分别采用低效和高效两种算法实现，分析时间和空间复杂度。

3. 实验思路

对线性表和链表分别完成元素互换的主要算法。这里算法的高效和低效是对顺序表而言，低效算法可申请额外空间，高效算法为原地置换。若学生有更好的高效或低效算法亦可在合理的情况下实现。

实验项目 5：约瑟夫环问题。

1. 问题描述

约瑟夫排列问题定义如下：假设 n 个竞赛者排成一个环形。给定一个正整数 $m \leqslant n$，从第 1 人开始，沿环计数，第 m 人出列。这个过程一直进行到所有人都出列为止。最后出列者为优胜者。全部出列次序定义了 $1,2,\cdots n$ 的一个排列，称为 (n,m) 约瑟夫排列。例如，$(7,3)$ 约瑟夫排列为 $3,6,2,7,5,1,4$。

2. 实验要求

设计求解约瑟夫排列问题程序。

（1）采用顺序表、单链表或双向循环链表等数据结构。

（2）采用双向循环链表实现约瑟夫排列问题，且奇数次（m 的值）顺时针轮转，偶数次（m 的值）逆时针轮转。

（3）推荐采用静态链表实现约瑟夫排列问题。

3. 实验思路

本实验可以使用顺序表、单链表或双向循环链表等数据结构实现，这里假设采用双向循环链表实现该实验。

对 n 个人依次编号，按编号顺序建立一个双向循环链表，链表中结点的结构如下。

```
struct Lnode{
    int no;
    Lnode * prior;
    Lnode * next;
};
```

基本算法如下。

（1）建立一个有 n 个结点的双向循环链表，每个结点从 1 到 n 编号。

（2）从第一个结点开始报数，用 k++ 表示报数，同时设两个指针 p 和 q，q 指向正在报数的这个结点。这里，若 m 是奇数，则沿着 next 方向查找；若 m 是偶数，则沿着 prior 方向查找。

(3) 报到 k＝＝m 时,则将这个结点删除。

(4) 重复不停地报数和删除结点,直到链表中还剩下最后一个结点。

实验项目 6:学生成绩管理系统。

1. 问题描述

对计算机科学与工程学院的 2019 级本科生的学生成绩管理做一个简单的模拟。

2. 实验要求

设计学生成绩管理的模拟程序。
(1) 采用顺序表登录学生成绩。
(2) 可以登记、查询、插入、删除学生成绩。
(3) 将成绩按科目存储到链表中。

3. 实验思路

为了增加程序的通用性,部分信息由用户输入。建立顺序表,将数据首先存储在数组中,并且保存顺序表的实际长度;可根据某一关键字(学号或姓名)查询学生信息;遍历顺序表,按照科目建立不同的链表。

实验项目 7:运动会竞赛成绩统计。

1. 问题描述

某大学第 54 届运动大会成功举行,共有 N 个学院的男女代表队参赛。大会共设 M 个男子项目和 W 个女子项目。大会即将闭幕,准备公布成绩。

2. 实验要求

设计运动会竞赛成绩统计程序。
(1) 采用顺序表或链表等数据结构。
(2) 统计各代表队的男女总分和团体总分。
(3) 公布各单项成绩的前 6 名和团体成绩的前 3 名。
(4) 可以查询成绩。

3. 实验思路

本实验思路为参考思路,在完成该实验时,设计方案符合实际问题或实际应用合理即可。可首先建立顺序表,再根据需要建立相应的链表统计需要的信息。

实验项目 8:商品库存信息维护。

1. 问题描述

对超市的库存商品信息管理做一个简单的模拟。例如,库中有一批电视机,按型号和价格排序,新进一批电视机,将新商品插入线性表中。

2. 实验要求

设计对超市库存商品信息维护管理的模拟程序。

（1）采用单链表存储结构。

（2）可以登记、查询、入库、出库商品信息。

（3）将库存商品信息按类别存储到链表中。

3. 实验思路

实验思路可参考学生成绩管理系统。

第2章

栈 和 队 列

　　本章首先介绍栈和队列的主要特性,包括栈和队列的逻辑结构和存储表示方法,读者在熟悉基本知识的基础上,实现在存储结构上的各种基本运算完成基础验证性实验,进而完成设计性实验,并针对应用性问题选择合适的存储结构,设计算法,完成最后一部分的应用性探究式综合创新型实验。其中,"栈和队列概述"部分可作为对于数据结构重点理论知识点的预习或复习使用。

2.1　栈和队列概述

　　栈和队列是两种特殊的线性表,其逻辑结构和线性表相同,但运算规则不完全相同,可看作运算受限的线性表。栈和队列的基础知识主要如下。

　　(1) 栈(stack)是限定仅在表尾进行插入或删除操作的线性表。因此,对栈来说,表尾端有其特殊含义,称为栈顶(top)。相应地,表头端称为栈底(bottom)。不含元素的空表称为空栈。

　　(2) 栈中访问结点时遵循后进先出(last in first out,LIFO)的原则。

　　(3) 与栈相反,队列(queue)是一种先进先出(first in first out,FIFO)的线性表。它只允许在表的一端进行插入,而在另一端删除元素。这和我们日常生活中的排队是一致的,最早进入队列的元素最早离开。在队列中,允许插入的一端称为队尾(rear),允许删除的一端则称为队头(front)。

　　(4) 栈的顺序存储结构定义(栈的顺序存储的 C 语言描述)如下。

```
#define LIST_INIT_SIZE 100              //最大存储空间
typedef char ElemType;                  //数据元素类型
typedef struct{
    ElemType data[LIST_INIT_SIZE];      //存放栈中元素
    int top;                            //用于栈顶指向
    int base;                           //用于栈底指向
}SqStack;                               //顺序栈类型
```

　　(5) 栈的链式存储结构定义(栈的链式存储的 C 语言描述)如下。

```
#define LIST_INIT_SIZE 100              //最大存储空间
typedef char ElemType;                  //数据元素类型
```

```
typedef structStackNode{
    ElemType data;                              //数据域
    struct StackNode * next;                    //指针域
}StackNode;                                     //链栈类型
```

（6）链队列的存储结构定义（链队列的 C 语言描述）如下。

```
#define LIST_INIT_SIZE 100                      //最大存储空间
typedef char ElemType;                          //数据类型
typedef struct DataNode{
    ElemType data;                              //数据域
    struct DataNode * next;                     //指针域
    } DataNode;                                 //链队列结点类型
typedef struct{
    DataNode * front;                           //指向队列头
    DataNode * rear;                            //指向队列尾
} LinkQueue;                                     //链队列类型
```

（7）队列的顺序存储结构——循环队列存储结构定义（循环队列存储结构的 C 语言描述）如下。

```
#define LIST_INIT_SIZE 100                      //最大存储空间
typedef char ElemType;                          //数据元素类型
typedef struct{
    ElemType data[LIST_INIT_SIZE];              //存放队列中的元素
    int front,rear;                             //标记队首和队尾
}SqQueue;                                       //循环队列类型
```

2.2　实验目的和要求

本部分可作为验证性实验、设计性实验和应用性探究式综合创新型实验共同的实验目的和要求使用。

（1）掌握栈的定义和特点。

（2）掌握栈的顺序存储结构和链式存储结构的定义及其实现。

（3）掌握栈的各种基本操作及其在实际问题中的应用。

（4）掌握队列的定义和特点。

（5）掌握队列的链式存储结构和顺序存储结构（循环队列存储结构）的定义及其实现。

（6）掌握队列的各种基本操作及其在实际问题中的应用。

2.3　实验原理

本部分可作为验证性实验、设计性实验和应用性探究式综合创新型实验共同的实验原理使用。

栈是一种特殊的线性表。栈(stack)是限定只能在表的一端进行插入和删除操作的线性表。在栈中,允许插入和删除的一端称为"栈顶"(top),不允许插入和删除的另一端称为"栈底"(bottom)。常称从栈顶插入元素的操作为"入栈",删除栈顶元素的操作为"出栈"。其中,栈的存储方式包括顺序栈和链栈两种。

队列(queue)是限定只能在表的一端进行插入和在另一端进行删除操作的线性表。在队列中,允许插入的一端称为"队列尾"(rear),允许删除的另一端称为"队列头"(front)。其中,队列的存储方式有顺序队列和链队列。队列在顺序存储下会发生溢出。队列已空时继续进行出队的操作称为下溢,而在队满时继续进行入队操作称为上溢,但此时队列的当前存储位置可能只是假溢出。解决假溢出的方法是将顺序队列假想为一个首尾相接的圆环,称为循环队列。

栈和队列的常见应用包括表达式求值、递归以及迷宫问题等。栈和队列均有多种实现形式,本实验要求掌握栈和队列的抽象数据类型,并在其各种基本操作的基础上完成设计性实验及应用性探究式综合创新型实验。

2.4 验证性实验

2.4.1 顺序栈的基本操作

代码获取

顺序栈视频讲解

1. 目的

学习顺序栈的存储结构,掌握顺序栈中各个基本操作的算法设计与实现。

2. 内容

顺序栈的基本操作如下。

(1) 构造一个空栈 S,其基本操作为 InitSqStack(SqStack ＊S)。

(2) 销毁栈 S,S 不再存在,其基本操作为 DestroySqStack(SqStack ＊S)。

(3) 判断栈是否为空,若栈 S 为空栈,则返回 0,否则返回 1,可由其调用函数根据返回值判断当前栈的状态,其基本操作为 SqStackEmpty(SqStack ＊S)。

(4) 取栈顶元素,若栈不空,则用 e 返回 S 的栈顶元素,否则提示为"栈空",其基本操作为 GetSqStackTop(SqStack ＊S)。

(5) 入栈操作,插入元素 e 为新的栈顶元素,其基本操作为 SqStackPush(SqStack ＊S,ElemType e)。

(6) 出栈操作,若栈不空,则删除 S 的栈顶元素,并返回其值,否则提示为"栈空",其基本操作为 SqStackPop(SqStack ＊S)。

（7）从栈底到栈顶依次显示栈中每一个元素,其基本操作为 DispSqStack（SqStack ＊S）。

3．算法实现

对应于第 2 部分内容,栈的顺序存储示意图如图 2-1 所示。

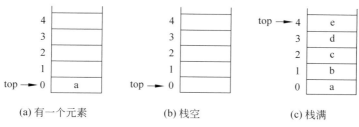

图 2-1　栈的顺序存储示意图

顺序栈的基本操作算法实现如下。

```
#include<stdio.h>
#include<malloc.h>
#define LIST_INIT_SIZE 100          //最大存储空间
typedef char ElemType;              //数据元素类型
typedef struct{
    ElemType data[LIST_INIT_SIZE];  //存放栈中元素
    int top;                        //用于栈顶指向
    int base;                       //用于栈底指向
}SqStack;                           //顺序栈类型

//基本操作

//初始化栈,建立一个新的空栈 S
void InitSqStack(SqStack * S)
{
    S->top = S->base=-1;
}

//销毁顺序栈 S
void DestroySqStack(SqStack * S)
{
    free(S);
}

//判断栈是否为空,若为空则返回 1,否则返回 0
int SqStackEmpty(SqStack * S)
{
    //可由调用函数根据返回值判断栈的状态
```

```
        if (S->top == S->base)                    //判断栈是否为空
            return 0;                             //栈空
        else
            return 1;                             //栈非空
    }


//从栈底到栈顶依次输出显示栈中每一个元素的值
void DispSqStack(SqStack * S)
{
    int i;                                        //用于计数
    i=0;                                          //计数初值
    while(i<=S->top)   //判断栈是否已全部遍历完毕,这里需要注意的是,并没有真正弹
                       //栈,即没有真正 pop 栈中元素,本函数用于测试使用
    {
        printf("%c ",S->data[i++]);
    }
    printf("\n");
}


//获取当前栈顶元素
ElemType GetSqStackTop(SqStack * S)              //若栈不为空,则用 e 返回 S 的栈顶元素
{
    ElemType e;                                   //存储获取的栈顶元素值
    if(S->top==S->base)                           //判断栈是否为空,提示,这里注意判断条件
        printf("栈空");                            //若栈空,给出提示
    else
        e=S->data[S->top];                        //获取栈顶元素值
}


//栈的插入,即入栈操作
int SqStackPush(SqStack * S,ElemType e)
{
    if(S->top-S->base == LIST_INIT_SIZE)   //不能出现超过最大存储空间的操作
    {
        printf("溢出");
    }
    else
    {
        S->top++;                                 //栈顶增一
        S->data[S->top]=e;                        //入栈元素值
    }
}


//栈的删除,即出栈操作
```

```
ElemType SqStackPop(SqStack * S)
{
    ElemType e;
    if(S->top==S->base)               //判断是否为空栈,即无可出栈的元素
        printf("栈空");
    else
    {
        e=S->data[S->top];            //获取出栈元素值
        S->top--;                     //栈顶减一
        return e;
    }
}


//主函数
void main()
{
    ElemType e;
    SqStack * S=(SqStack *)malloc(sizeof(SqStack));
    printf("1.初始化顺序栈 \n");
    InitSqStack(S);
    printf("2.栈是否为空?");
    if(SqStackEmpty(S)==0)
        printf("栈空\n");
    else
        printf("栈非空");
    printf("3.元素依次进栈 h、e、l、l、o\n");
    SqStackPush(S,'h');
    SqStackPush(S,'e');
    SqStackPush(S,'l');
    SqStackPush(S,'l');
    SqStackPush(S,'o');
    printf("4.栈是否为空?");
    if(SqStackEmpty(S)==0)
        printf("栈空\n");
    else
        printf("栈非空\n");
    printf("5.当前栈中元素为:");
    DispSqStack(S);
    printf("6.出栈序列为:");
    while(SqStackEmpty(S))
    {
        printf("%c ",SqStackPop(S));
    }
    printf("\n");
```

```
    printf("7.释放栈\n");
    DestroySqStack(S);
}
```

4. 运行结果

顺序栈的基本操作程序运行结果如图 2-2 所示。

图 2-2　顺序栈的基本操作程序运行结果

2.4.2　链栈的基本操作

1. 目的

学习链栈的存储结构,掌握链栈中各个基本运算的算法设计与实现。

链栈代码　　　　　　　　　　链栈视频讲解

2. 内容

栈的链式存储的基本操作如下。

(1) 构造一个空栈 S,其基本操作为 InitLinkStack(StackNode * S)。

(2) 销毁栈 S,S 不再存在,其基本操作为 DestroyLinkStack(StackNode * S)。

(3) 若栈 S 为空栈,则返回 1,否则返回 0,可由调用函数根据返回值判断栈当前的状态,其基本操作为 LinkStackEmpty(StackNode * S)。

(4) 若栈不空,则用 e 返回 S 的栈顶元素,但不改变栈中的元素,其基本操作为 GetLinkStackTop(StackNode * S)。

(5) 插入元素 e 为新的栈顶元素,其基本操作为 LinkStackPush(StackNode * S, ElemType e)。

(6) 若栈不空,则删除 S 的栈顶元素,用 e 返回其值,其基本操作为 LinkStackPop (StackNode * S)。

3. 算法实现

对应于第 2 部分内容,栈的链式(链栈)存储示意图如图 2-3 所示。

链栈的基本操作算法实现如下。

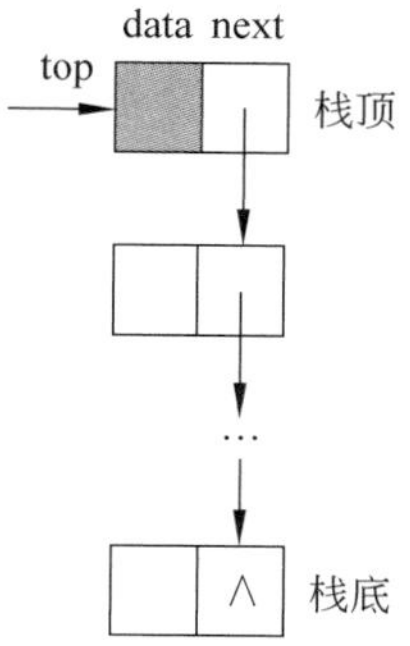

```c
#include<stdio.h>
#include<malloc.h>
#define LIST_INIT_SIZE 100          //最大存储空间
typedef char ElemType;              //数据元素类型
typedef struct StackNode
{
    ElemType data;                  //数据域
    struct StackNode * next;        //指针域
}StackNode;                         //链栈类型

//基本操作

//初始化链栈 S
void InitLinkStack(StackNode * S)
{
    S->next=NULL;                   //指针域置空
}

//销毁链栈 S
void DestroyLinkStack(StackNode * S)
{
  StackNode * p;
  for(p=S->next;p!=NULL; p=p->next)
  {
    free(S);
    S=p;
  }
  free(S);
}

//判断链栈 S 是否为空
int LinkStackEmpty(StackNode * S)
{                                   //可由调用函数根据返回值判断当前的栈的状态
    if (S->next==NULL)              //根据链栈的 next 域是否为空判断栈是否为空
        return 0;                   //栈空
    else
        return 1;                   //栈非空
}

//获取链栈 S 的栈顶元素,但不改变栈中的元素
ElemType GetLinkStackTop(StackNode * S)
{
```

图 2-3　栈的链式(链栈)
存储示意图

```
    ElemType e;                            //用于存放获取的元素值
    if(S->next!=NULL)        //判断栈是否为空,也可以借助 LinkStackEmpty(StackNode * S)
                              //函数,根据返回值判断
    {                                       //非空,则获取当前栈顶的元素值
      e=S->next->data;                      //赋值
      return e;                             //返回
    }
    else
        printf("栈空\n");                   //若栈为空,则给出提示
}


//进栈
void LinkStackPush(StackNode * S,ElemType e)
{
    StackNode * p;                          //生成新结点,即当前的栈顶结点
    p=(StackNode * )malloc(sizeof(StackNode));
    p->data=e;                              //赋值
    //将新结点加入栈中作为新的栈顶结点,注意是否设置了头结点
    p->next=S->next;
    S->next=p;
}


//出栈
ElemType LinkStackPop(StackNode * S)
{
    ElemType e;                             //用于存放获取的结点的元素值
    StackNode * p;
    if(S->next!=NULL)        //判断栈是否为空,也可以借助 LinkStackEmpty(StackNode * S)
                              //函数,根据返回值判断
    {
    p=S->next;
    e=p->data;
    S->next=p->next;
    free(p);
    return e;
    }
    else
      printf("栈空\n");
}


//主函数
void main()
{
    ElemType e;
```

```
StackNode * S=(StackNode *)malloc(sizeof(StackNode));
printf("1.初始化链栈\n");
InitLinkStack(S);
printf("2.栈是否为空？");
if(LinkStackEmpty(S)==0)
    printf("栈空\n");
else
    printf("栈非空");
printf("3.元素依次进栈 h、e、l、l、o\n");
LinkStackPush(S,'h');
LinkStackPush(S,'e');
LinkStackPush(S,'l');
LinkStackPush(S,'l');
LinkStackPush(S,'o');
printf("4.栈是否为空？");
if(LinkStackEmpty(S)==0)
    printf("栈空\n");
else
    printf("栈非空\n");
printf("5.当前栈顶元素为:");
printf("%c\n",GetLinkStackTop(S));
printf("6.出栈序列为:");
while(LinkStackEmpty(S))
{
    printf("%c ",LinkStackPop(S));
}
printf("\n");
printf("7.释放栈\n");
DestroyLinkStack(S);
}
```

4. 运行结果

链栈的基本操作程序运行结果如图 2-4 所示。

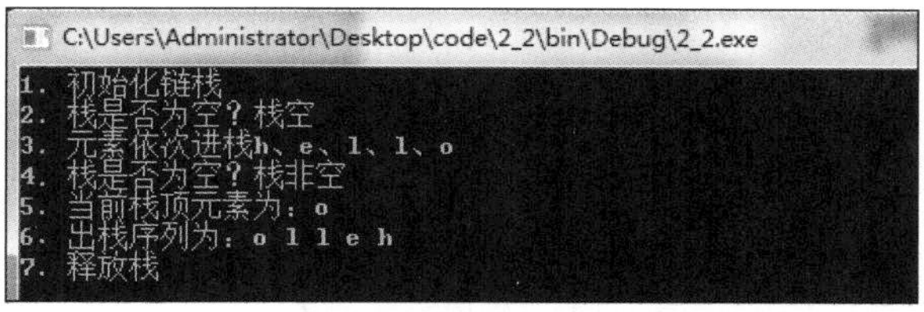

图 2-4　链栈的基本操作程序运行结果

2.4.3　链队列的基本操作

链队列代码

链队列视频讲解

1. 目的

学习链队列存储结构,掌握链队列中各个基本运算的算法设计与实现。

2. 内容

链队列的基本操作如下。

(1) 构造一个空的链队列 Q,其基本操作为 InitLinkQueue(LinkQueue * Q)。

(2) 销毁链队列 Q,其基本操作为 DestroyLinkQueue(LinkQueue * Q)。

(3) 若 Q 为空的链队列,则返回 1,否则返回 0,可由调用它的函数根据返回值判断当前链队列的状态,其基本操作为 QueueLinkEmpty(LinkQueue * Q)。

(4) 插入元素 e 为 Q 的新的队尾元素,基本操作为 EnLinkQueue(LinkQueue * Q, ElemType e)。

(5) 若队列不空,删除 Q 的队头元素,用 e 返回其值,并返回 1,否则返回 0,基本操作为 DeLinkQueue(LinkQueue * Q)。

3. 算法实现

对应于第 2 部分内容,链队列示意图如图 2-5 所示。
链队列的基本操作算法实现如下。

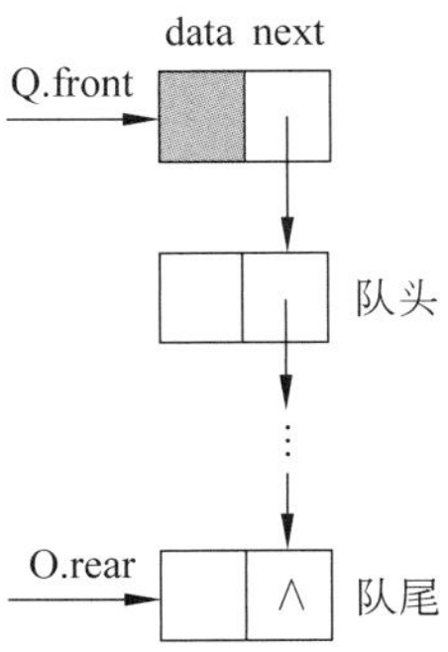

```
#include<stdio.h>
#include<malloc.h>
#define LIST_INIT_SIZE 100        //最大存储空间
typedef char ElemType;            //数据元素类型
typedef struct DataNode{
    ElemType data;                //数据域
    struct DataNode * next;       //指针域
    } DataNode;                   //链队列结点类型

typedef struct{
    DataNode * front;             //指向链队列头
    DataNode * rear;              //指向链队列尾
} LinkQueue;                      //链队列类型

//构造一个空的链队列 Q
```

图 2-5　链队列示意图

```
void InitLinkQueue(LinkQueue * Q)
{
    Q->front=NULL;                  //初始值置空
    Q->rear=NULL;                   //初始值置空
}


//销毁链队列 Q
void DestroyLinkQueue(LinkQueue * Q)
{
    DataNode * p;                   //p 用于存储链队列的队头,p 指向当前即将释放的结点
    DataNode * r;                   //r 存储 p 的后继结点,即将释放结点的 next 结点
    p=Q->front;                     //初始时 p 指向头指针
    r=p->next;                      //初始时 r 指向头指针的后继
  while(p!=NULL)                    //判断条件,如果不为空则逐个释放
  {
    free(p);
    p=r;                            //更新,后指
    r=p->next;                      //更新,后指
  }
}


//判断链队列 Q 是否为空
int LinkQueueEmpty(LinkQueue * Q)
{//可由调用函数根据返回值判断当前的队列的状态
  if(Q->rear==NULL)                 //根据链队列的尾指针是否为空判断链队列是否为空
    return 0;                       //空
  else
    return 1;                       //非空
}


//入队
void EnLinkQueue(LinkQueue * Q,ElemType e)
{
  DataNode * s;                     //用于存储新结点
  s=(DataNode *)malloc(sizeof(DataNode));   //生成新结点
  s->data=e;                        //赋值
  s->next=NULL;
  if(Q->rear!=NULL)                 //判断原尾指针是否为空,若非空,则将新结点加入进去
  {
    Q->rear->next=s;                //原来的尾指针的 next 域指向新结点 s
    Q->rear=s;                      //更新尾指针
  }
  else                              //若为空,则头指针和尾指针均需指向该新结点
  {
```

```
        Q->front=s;                    //头指针更新
        Q->rear=s;                     //尾指针更新
    }
}


//出队
ElemType DeLinkQueue(LinkQueue * Q)
{
  ElemType e;
  DataNode * s=(DataNode *)malloc(sizeof(DataNode));
  if(Q->rear==NULL)
    printf("队列空");
  else
  {
      s=Q->front;                      //s 指向待出队结点
      if(Q->front!=Q->rear)      //判断队列中是否仅有一个结点
            Q->front=Q->front->next;   //若当前队列中有不止一个结点,则更新头指
                                       //针,使其指向原头指针的下一个结点即可
      else
            Q->front=Q->rear=NULL;     //若当前队列中仅有一个结点,则更新头指针和
                                       //尾指针,使二者均置为空
      e=s->data;                       //返回值
      free(s);                         //释放临时结点
      return e;                        //返回
  }
}


//主函数
void main()
{
    ElemType e;
    LinkQueue * Q=(LinkQueue *)malloc(sizeof(LinkQueue));
    printf("1.初始化链队列\n");
    InitLinkQueue(Q);
    printf("2.队列是否为空？");
    if(LinkQueueEmpty(Q)==0)
        printf("队列空\n");
    else
        printf("队列非空");
    printf("3.元素依次入队列 h、e、l、l、o\n");
    EnLinkQueue(Q,'h');
    EnLinkQueue(Q,'e');
    EnLinkQueue(Q,'l');
    EnLinkQueue(Q,'l');
```

```
EnLinkQueue(Q,'o');
printf("4.队列是否为空？");
if(LinkQueueEmpty(Q)==0)
    printf("队列空\n");
else
    printf("队列非空\n");
printf("5.出队一个元素为:");
printf("%c\n",DeLinkQueue(Q));
printf("6.出队序列为:");
while(LinkQueueEmpty(Q))
{
    printf("%c ",DeLinkQueue(Q));
}
printf("\n");
printf("7.释放队列\n");
DestroyLinkQueue(Q);
}
```

4. 运行结果

链队列的基本操作程序运行结果如图 2-6 所示。

图 2-6　链队列的基本操作程序运行结果

2.4.4　循环队列的基本操作

循环队列代码

循环队列讲解

1. 目的

学习循环队列存储结构,掌握循环队列中各个基本操作的算法设计与实现。

2. 内容

循环队列存储的基本操作如下。

（1）构造一个空队列 Q，其基本操作为 InitSqQueue(SqQueue * Q)。

（2）销毁队列 Q，Q 不再存在，其基本操作为 DestroySqQueue(SqQueue * Q)。

（3）若队列 Q 为空队列，则返回 1，否则返回 0，可由调用它的函数根据返回值判断当前链队列的状态，其基本操作为 SqQueueEmpty(SqQueue * Q)。

（4）求循环队列的长度，其基本操作为 SqQueueLength(SqQueue * Q)。

（5）入队一个元素 e 为 Q 的新元素，其基本操作为 EnSqQueue(SqQueue * Q，ElemType e)。

（6）若队列不为空，则出队一个元素，用 e 返回其值，其基本操作为 DeSqQueue (SqQueue * Q)。

3. 算法实现

对应于第 2 部分内容，循环队列示意图如图 2-7 所示。

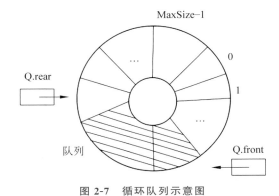

图 2-7　循环队列示意图

循环队列的基本操作算法实现如下。

```
#include<stdio.h>
#include<malloc.h>
#define LIST_INIT_SIZE 100              //最大存储空间
typedef char ElemType;                  //数据元素类型
typedef struct{
    ElemType data[LIST_INIT_SIZE];      //存放队列中元素
    int front,rear;                     //标记队首和队尾
}SqQueue;                               //循环队列类型

//初始化,构造一个空的循环队列Q
void InitSqQueue(SqQueue * Q)
{
    Q->front=0;                         //头指向0
    Q->rear=0;                          //尾指向0
}
```

```
//销毁循环队列 Q
void DestroySqQueue(SqQueue * Q)
{
    free(Q);                                    //释放
}


//判断循环队列是否为空
int SqQueueEmpty(SqQueue * Q)
{
    //可由调用函数根据返回值判断当前的队列的状态
    if(Q->front ==Q->rear)                      //根据头和尾是否相等,判断当前循环队列
                                                //是否为空,此处注意判空条件
        return 0;                               //空
    else
        return 1;                               //非空
}


//求循环队列 Q 的长度
int SqQueueLength(SqQueue * Q)
{
    return (Q->rear-Q->front+LIST_INIT_SIZE)%LIST_INIT_SIZE;
    //注意循环队列的特性,结果需要与 LIST_INIT_SIZE 相加,再对 LIST_INIT_SIZE 取模
}


//入队
void EnSqQueue(SqQueue * Q,ElemType e)
{
    if((Q->rear+1)%LIST_INIT_SIZE==Q->front) //注意循环队列判满的条件,结果需要加 1
                                             //后,再对 LIST_INIT_SIZE 取模
        printf("队列满");
    else
    {
        Q->rear=(Q->rear+1)%LIST_INIT_SIZE;  //尾后移
        Q->data[Q->rear]=e;                  //赋值
    }
}


//出队
ElemType DeSqQueue(SqQueue * Q)
{
    ElemType e;
    if(Q->front==Q->rear)                       //注意循环队列判空的条件,即判断头和尾
                                                //是否相等
        printf("队列空");                        //空
```

```
        else                                        //非空
        {//因为有头结点,所以先后移再取值
            Q->front=(Q->front+1)%LIST_INIT_SIZE;    //队头后移
            e=Q->data[Q->front];                      //获取值
            return e;
        }
    }


    //主函数
    void main()
    {
        ElemType e;
        SqQueue * Q=(SqQueue * )malloc(sizeof(SqQueue));
        printf("1.初始化循环队列\n");
        InitSqQueue(Q);
        printf("2.队列是否为空?");
        if(SqQueueEmpty(Q)==0)
            printf("队列空\n");
        else
            printf("队列非空\n");
        printf("3.元素依次入队 h、e、l、l、o\n");
        EnSqQueue(Q,'h');
        EnSqQueue(Q,'e');
        EnSqQueue(Q,'l');
        EnSqQueue(Q,'l');
        EnSqQueue(Q,'o');
        printf("4.队列是否为空?");
        if(SqQueueEmpty(Q)==0)
            printf("队列空\n");
        else
            printf("队列非空\n");
        printf("5.出队一个元素为:");
        printf("%c\n",DeSqQueue(Q));
        printf("6.出队序列为:");
        while(SqQueueEmpty(Q))
        {
            printf("%c ",DeSqQueue(Q));
        }
        printf("\n");
        printf("7.释放队列\n");
        DestroySqQueue(Q);
    }
```

4. 运行结果

循环队列的基本操作程序运行结果如图 2-8 所示。

图 2-8   循环队列的基本操作程序运行结果

2.5   设计性实验

2.5.1   设计性实验题目

本部分可作为数据结构实验的实验课内容、课后练习题、数据结构理论课或实验课作业等使用。也可将本部分作为设计性实验使用,并布置在相应的在线实验平台上,配合在线平台使用。其中,部分题目结合各类程序设计竞赛或考研真题所考查知识点设置。

【项目 2-1】   (本题目结合考研真题考查知识点设置)将十进制整数转换成 N 进制整数。

(1) 题目要求。

① 输入形式。

输入任意的一个非负十进制整数,以及要转换的进制 N。

② 输出形式。

输出与其等值的 N 进制整数。

③ 样例输入。

8 2

④ 样例输出。

1000

(2) 题目分析。

运用栈的知识,采用"先进后出,后进先出"这种数据结构实现进制转换。将一个非负的十进制整数转换为另一个 N 进制整数的问题,可以通过除 N 取余法解决。如,将十进制整数 8 转换为二进制整数,按除 2 取余法,得到的余数依次是 1、0、0、0,则十进制整数 8 转换二进制整数为 1000。由于最先得到的余数是转换结果的最低位,而最后得到的余数是转换结果的最高位,因此该问题可用栈结构解决,具体可根据需要选择链栈或顺序栈。

(3) 题目代码。

这里,使用顺序栈完成主算法的代码实现,也可选择其他结构实现。

```
#include<stdio.h>
#include<malloc.h>
#define LIST_INIT_SIZE 100                      //最大存储空间
typedef int ElemType;                           //数据元素类型

typedef struct
{
    ElemType data[LIST_INIT_SIZE];              //存放元素
    int top;                                    //栈顶
    int base;                                   //栈底
}StackType;                                     //顺序栈类型

//初始化栈,建立一个新的空栈 S
void InitSqStack(StackType * S)
{
    S->top = -1;
    S->base=-1;
}

//销毁顺序栈 S
void DestroySqStack(StackType * S)
{
    free(S);
}

//判断栈是否为空,若为空则返回 1,否则返回 0
int SqStackEmpty(StackType * S)
{
    //可由调用函数根据返回值判断栈的状态
    if (S->top == S->base)                      //判断栈是否为空
        return 0;                               //栈空
    else
        return 1;                               //栈非空
}

//栈的插入,即入栈操作
int SqStackPush(StackType * S,ElemType e)
{
    if(S->top-S->base == LIST_INIT_SIZE)        //不能出现超过最大存储空间的操作
    {
        printf("溢出");
    }
    else
    {
```

题目代码

```
        S->top++;                                   //栈顶增一
        S->data[S->top]=e;                          //元素值入栈
    }

}

//栈的删除,即出栈操作
ElemType SqStackPop(StackType * S)
{
    ElemType e;
    if(S->top==S->base)                             //判断是否为空栈,即无可出栈的元素
        printf("栈空");
    else
    {
        e=S->data[S->top];                          //获取出栈元素值
        S->top--;                                   //栈顶减一
        return e;
    }

}
void conversion(int num,int n)
{
    ElemType e;
    StackType * l=(StackType *)malloc(sizeof(StackType));   //定义一个顺序栈
    InitSqStack(l);                                 //初始化顺序栈
    while(num)                                      //转换并压栈
    {
        SqStackPush(l,num%n);
        num=num/n;
    }
    while(SqStackEmpty(l))                          //若栈不为空则取值
    {
        e=SqStackPop(l);
        printf("%d",e);
    }
}
void main()
{
int num=8;                                          //待转换的非负十进制整数
  int n=2;                                          //转换的进制
  conversion(num,n);
}
```

（4）项目 2-1 运行结果如图 2-9 所示。

图 2-9　项目 2-1 运行结果

【项目 2-2】　（本题目结合程序设计竞赛考查知识点设置）采用递归方法实现汉诺塔问题。

（1）题目要求。

① 输入形式。

需要处理的汉诺塔问题的层数。

② 输出形式。

盘子的移动过程。

③ 样例输入。

3

④ 样例输出。

1 从 X 到 Z
2 从 X 到 Y
1 从 Z 到 Y
3 从 X 到 Z
1 从 Y 到 X
2 从 Y 到 Z
1 从 X 到 Z

（2）题目分析。

本题目使用递归实现汉诺塔问题（可与项目 2-3"采用非递归方法实现汉诺塔问题"比较实现）。

（3）题目代码。

本部分给出递归实现的参考代码。

题目代码

```
#include<stdio.h>
#include<malloc.h>
#define MaxSize 100
//递归算法
void Hanoi(int n,char a,char b,char c)     //n 为移动的盘子序号,a、b 和 c 为位置
{
  if(n==1)
    printf("%d从%c到%c\n",n,a,c);
  else
  {
```

```
        Hanoi(n-1,a,c,b);                      //递归调用
        printf("%d从%c到%c\n",n,a,c);
        Hanoi(n-1,b,a,c);                      //递归调用
    }
}

void main()
{
    int n=3;
    Hanoi(n,'X','Y','Z');                      //n为移动的盘子序号,a、b和c为位置
}
```

（4）项目 2-2 运行结果如图 2-10 所示。

图 2-10 项目 2-2 运行结果

【项目 2-3】 （本题目结合程序设计竞赛考查知识点设置）采用非递归方法实现汉诺塔问题。

（1）题目要求。

① 输入形式。

需要处理的汉诺塔问题的层数。

② 输出形式。

盘子的移动过程。

③ 样例输入。

3

④ 样例输出。

1 从 X 到 Z
2 从 X 到 Y
1 从 Z 到 Y
3 从 X 到 Z
1 从 Y 到 X
2 从 Y 到 Z
1 从 X 到 Z

（2）题目分析。

本题目可使用顺序栈或链栈形式实现。

(3) 题目代码。

本部分给出使用顺序栈实现的参考代码。这里,可建议读者本题和项目 2-2 分别采用不同的结构和方法实现该算法,并体会其不同。具体实现代码如下:

题目代码

```c
#include<stdio.h>
#include<malloc.h>
#define LIST_INIT_SIZE 100                  //最大存储空间
//这里以三层汉诺塔为例
typedef struct
{
  int n;                                    //塔层数
  char x,y,z;                               //塔座
  int flag;                                 //可直接移动时为 1,不可直接移动时为 0
}ElemType;                                   //顺序栈元素类型

typedef struct
{
  ElemType data[LIST_INIT_SIZE];            //存放元素
  int top;                                  //栈顶
  int base;                                 //栈底
}SqStack;                                    //顺序栈类型

//基本操作

//初始化栈,建立一个新的空栈 S
void InitSqStack(SqStack * S)
{
    S->top = S->base=-1;
}

//销毁顺序栈 S
void DestroySqStack(SqStack * S)
{
    free(S);
}
//判断栈是否为空,若为空则返回 1,否则返回 0
int SqStackEmpty(SqStack * S)
{
    //可由调用函数根据返回值判断栈的状态
    if (S->top == S->base)                   //判断栈是否为空
        return 0;                            //栈空
    else
        return 1;                            //栈非空
```

```
    }

//栈的插入,即入栈操作
int SqStackPush(SqStack * S,ElemType e)
{
    if(S->top-S->base == LIST_INIT_SIZE)    //不能出现超过最大存储空间的操作
    {
        printf("溢出");
    }
    else
    {
        S->top++;                            //栈顶增一
        S->data[S->top]=e;                   //元素值入栈
    }


}

//栈的删除,即出栈操作
ElemType SqStackPop(SqStack * S)
{
    ElemType e;
    if(S->top==S->base)                      //判断是否为空栈,即无可出栈的元素
        printf("栈空");
    else
    {
        e=S->data[S->top];                   //获取出栈元素值
        S->top--;                            //栈顶减一
        return e;
    }

}

void Hanoi(int n,char x,char y,char z)
{
  SqStack * st=(SqStack *)malloc(sizeof(SqStack));
  ElemType e0,e1,e2,e3;
  InitSqStack(st);
  e0.n=n;
  e0.x=x;
  e0.y=y;
  e0.z=z;
  e0.flag=0;
  SqStackPush(st,e0);
  while(SqStackEmpty(st))
```

```
        {
          e0=SqStackPop(st);
          if(e0.flag==0)
          {
            e1.n=e0.n-1;
            e1.x=e0.y;
            e1.y=e0.x;
            e1.z=e0.z;
            if(e1.n==1)
              e1.flag=1;
            else
              e1.flag=0;
            SqStackPush(st,e1);                    //Hanoi(n-1,y,x,z)
            e2.n=e0.n;
            e2.x=e0.x;
            e2.y=e0.y;
            e2.z=e0.z;
            e2.flag=1;
            SqStackPush(st,e2);
            e3.n=e0.n-1;
            e3.x=e0.x;
            e3.y=e0.z;
            e3.z=e0.y;
            if(e3.n==1)                            //只有一个盘子可移动时
              e3.flag=1;
            else
                e3.flag=0;
            SqStackPush(st,e3);
          }
          else
              printf("%d从%c到%c\n",e0.n,e0.x,e0.z);
        }
      DestroySqStack(st);
    }

    //主函数
    void main()
    {
      int n=3;
      Hanoi(n,'X','Y','Z');
    }
```

（4）项目 2-3 运行结果如图 2-11 所示。

图 2-11　项目 2-3 运行结果

【**项目 2-4**】　（本题目结合考研真题考查知识点设置）双端队列是指在队列的头和尾均可以增加和删除数据。可灵活地进行数据的增加和删除操作，方便使用。

（1）题目要求。

① 输入形式。

在队尾进入一个值，队头进入一个值，队尾再进入一个值。

② 输出形式。

取队头元素出队，取队尾元素出队，输出并显示当前队列中的元素。

③ 样例输入。

20 30 40

④ 样例输出。

30

（2）题目分析。

运用队列的知识，并添加符合双端队列定义的函数。用双向循环链表实现一个双端队列，实现在队列的头和尾均可进队列、出队列、显示队列中元素等操作。

（3）题目代码。

题目代码

```
#include<stdio.h>
#include<malloc.h>
typedef int ElemType;
typedef struct Node
{
    ElemType data;                    //存储链表的元素空间
    struct Node * l;                  //前驱结点
    struct Node * r;                  //后继结点
}Deque;                //双向循环链表结点类型定义,本题采用双向循环链表实现一个双端队列

//创建双端队列
void create(Deque * head)
{
    head->l=head->r=head;
```

```
    }

    //队尾插入元素
    void push_rear(Deque * q,ElemType data)
    {
        Deque * temp=(Deque * )malloc(sizeof(Deque));
        temp->data=data;
        temp->l=q->l;
        temp->r=q;
        q->l->r=temp;
        q->l=temp;


    }

    //队头插入元素
    void push_front(Deque * q,ElemType data)
    {
        Deque * temp=(Deque * )malloc(sizeof(Deque));
        temp->data=data;
        temp->l=q;
        temp->r=q->r;
        q->r->l=temp;
        q->r=temp;
    }

    //队尾删除元素
    void pop_rear(Deque * q)
    {
        Deque * temp=(Deque * )malloc(sizeof(Deque));
        if(q->r!=q)                         //判断双端队列是否为空
            {
                temp=q->l;
                temp->l->r=q;
                q->l=temp->l;
                free(temp);
            }
    }

    //队尾删除元素
    void pop_front(Deque * q)
    {
        Deque * temp=(Deque * )malloc(sizeof(Deque));
        if(q->r!=q)                             //判断双端队列是否为空
```

```
        {
            temp=q->r;
            temp->r->l=q;
            q->r=temp->r;
            free(temp);
        }
}

//显示队列中的元素
void disp(Deque * q)
{
    Deque  * temp=q->r;
    while(temp!=q)
    {
        printf("%d ",temp->data);
        temp=temp->r;
    }
    printf("\n");
}

//主函数
void main()
{
    Deque * q=(Deque *)malloc(sizeof(Deque));
    create(q);
    push_rear(q,30);
    push_front(q,20);
    push_rear(q,40);
    printf("当前已入队元素:\n");
    disp(q);
    pop_rear(q);
    pop_front(q);
    printf("从队头和队尾各出一个元素后:\n");
    disp(q);
}
```

（4）项目 2-4 运行结果如图 2-12 所示。

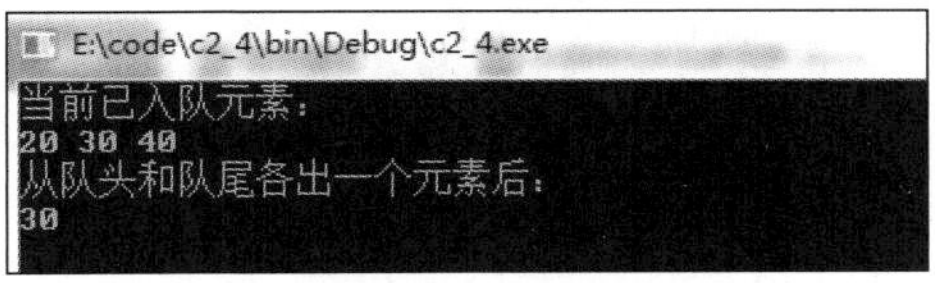

图 2-12　项目 2-4 运行结果

2.5.2 习题与指导

【习题 2-1】 (本题目结合程序竞赛考查知识点设置)最大矩形问题。本题可采用栈结构解答,栈是先进后出的数据结构,在栈顶有一个指针,通过入栈和出栈的控制改变序列顺序。这里,紧贴着 x 轴有一些互相邻接的矩形,给定每个矩形的长和宽,编写算法计算可以形成的最大矩形是多少。

习题指导:本题目采用栈结构完成,将矩形入栈,栈中的元素高度递增,若入栈的高度 d 比栈顶元素高度 h 小,则出栈,直至可以保持栈顶元素高度递增的元素 z。在出栈过程中统计由 h 到 z 间可以得到的最大矩形的面积,记录总宽度,在弹出这些元素后,向栈中压入一个高度为 d,宽度为总宽度加刚才高度为 d 的矩形的宽度的矩形,然后继续查找下一矩形。最后,扫描一遍整个栈(栈中元素高度为递增)。

【习题 2-2】 (本题目结合程序竞赛考查知识点设置)栈和队列序列区分问题。栈和队列是重要的数据结构,栈为先进后出的数据结构,队列为先进先出的数据结构。现有进入和离开结构的序列次序,试编写算法,分析并判断生成该序列的为栈结构还是队列结构。

习题指导:根据出入结构的特点和顺序,如果第 i 个进入结构的元素在第 i 个离开,对列为先进先出,则该结构为队列;如果第 i 个进入结构的元素在倒数第 i 个离开,则满足后进先出的性质,即该结构为栈。

【习题 2-3】 (本题结合考研真题考查知识点设置)Ackermann 函数的定义:

$$Ack(m, n) = n + 1 \qquad\qquad m = 0$$
$$Ack(m, n) = Ack(m-1, 1) \qquad\qquad m \neq 0, n = 0$$
$$Ack(m, n) = Ack(m-1, Ack(m, n-1)) \qquad m \neq 0, n \neq 0$$

写出 Ack(m,n)的非递归算法。

习题指导:本题目考查递归问题的采用辅助栈实现非递归的方法。需要用到的基本操作包括 push()、pop()、empty()等,分别为入栈、出栈和判断栈是否为空。将 m 和 n 入栈,每次调用判空函数判断栈是否为空,如果不为空则出栈放入 s 中;如果为空则返回该值即为最终值,否则再次出栈放入 t 中。根据情况,若 t 为 0,则将 $n+1$ 压入栈中;若 s 为 0,则 $t-1$ 先入栈再压入 1;如果 s 和 t 均不为 0,则 $t-1$、t、s 依次入栈。

【习题 2-4】 (本题结合考研真题考查知识点设置)编写算法实现将栈 S1 的各元素复制到栈 S2 中。

习题指导:本题可设置一个辅助栈 S3 并通过调用基础验证性实验部分的栈基本操作实现算法,将 S1 中的元素依次出栈并同时压入 S3 中,再将 S3 中的元素依次出栈并同时压入 S2 中即可实现栈元素的复制。

【习题 2-5】 (本题结合考研真题考查知识点设置)现有一个非空队列 Q 和一个空栈 S。请通过调用基础验证性实验中栈和队列的基本操作编写算法,实现将队列 Q 中的元素逆置。

习题指导:本题可通过将 Q 中的元素依次出队,同时压入栈 S 中,再将 S 中的元素依次出栈,同时进入队列 Q 实现逆置。此时,Q 中元素的顺序已逆置。

2.6　应用性探究式综合创新型实验

本部分题目为应用性探究式综合创新型实验,题目以应用型题目为主,可在分析题目需求的基础上进一步设计、实现,因此建议需求分析合理即可。

代码获取　　　　　　视频讲解　　　　　　课件

2.6.1　实验项目范例

操作系统打印机管理器问题(计算机系统能力的融合性应用题目)

1. 问题描述

计算机系统中,操作系统打印机管理器具备如下功能:一台打印机需要响应多个用户的打印任务,并根据打印任务的时间顺序排成任务序列,如 ABCDEF…,每个字母代表一个任务,根据序列顺序完成打印任务。

2. 实验要求

设计操作系统打印机管理器模拟管理程序。
(1)采用栈或队列等数据结构。
(2)实现对等待打印任务的管理。
(3)实现打印机模拟打印功能。

3. 实验思路

根据打印任务管理序列按照顺序逐个完成打印任务。打印机管理任务可用循环队列实现。每个打印任务可以包括名称、时间等属性。类似该类问题的还有医院预约挂号、银行排队系统等,可采用类似方法解决。

4. 主要算法

```
#include<stdio.h>
#include<malloc.h>
#define LIST_INIT_SIZE 100              //最大存储空间

typedef struct{
    char name;                          //任务名称
}ElemType;                              //数据类型定义
```

```
typedef struct{
    ElemType data[LIST_INIT_SIZE];
    int front,rear;                          //标记队首和队尾
}SqQueue;                                     //循环队列类型

//初始化,构造一个空的循环队列 Q
void InitSqQueue(SqQueue * Q)
{
    Q->front=0;                              //头指向 0
    Q->rear=0;                               //尾指向 0
}

//销毁循环队列 Q
void DestroySqQueue(SqQueue * Q)
{
    free(Q);                                 //释放
}

//判断循环队列是否为空
int SqQueueEmpty(SqQueue * Q)
{
    //可由调用函数根据返回值判断当前的队列的状态
    if(Q->front ==Q->rear)                   //根据头和尾是否相等,判断当前循环队列
                                             //是否为空,此处注意判空条件
        return 0;                            //空
    else
        return 1;                            //非空
}

//求循环队列 Q 的长度
int SqQueueLength(SqQueue * Q)
{
    return (Q->rear-Q->front+LIST_INIT_SIZE)%LIST_INIT_SIZE;
    //注意循环队列的特性,结果需要与 LIST_INIT_SIZE 相加,再对 LIST_INIT_SIZE 取模
}

//入队
void EnSqQueue(SqQueue * Q,char r)
{
    ElemType e;
    e.name=r;
    if((Q->rear+1)%LIST_INIT_SIZE==Q->front) //注意循环队列判满的条件,结果需要
                                             //加 1 后,再对 LIST_INIT_SIZE 取模
        printf("队列满");
```

```
    else
    {
      Q->rear=(Q->rear+1)%LIST_INIT_SIZE;    //尾后移
      Q->data[Q->rear]=e;                     //赋值
    }
}


//出队
ElemType DeSqQueue(SqQueue * Q)
{
    ElemType e;
    if(Q->front==Q->rear)              //注意循环队列判空的条件,即判断头和尾是否相等
        printf("队列空");              //空
    else                              //非空
    {//因为有头结点,所以先后移再取值
        Q->front=(Q->front+1)%LIST_INIT_SIZE;    //队头后移
        e=Q->data[Q->front];                      //获取值
        return e;
    }
}


//主函数
void main()
{
    ElemType e;
    SqQueue * Q=(SqQueue *)malloc(sizeof(SqQueue));
    printf("打印机启动......\n");
    printf("1.初始化打印任务管理队列\n");
    InitSqQueue(Q);
    printf("2.打印任务管理队列是否为空?");
    if(SqQueueEmpty(Q)==0)
        printf("队列空\n");
    else
        printf("队列非空\n");
    printf("3.任务依次入队任务 a、b、c、d、e\n");
    EnSqQueue(Q,'a');
    EnSqQueue(Q,'b');
    EnSqQueue(Q,'c');
    EnSqQueue(Q,'d');
    EnSqQueue(Q,'e');
    printf("4.队列是否为空?");
    if(SqQueueEmpty(Q)==0)
        printf("队列空\n");
    else
```

```
        printf("队列非空\n");
    printf("5.打印一个任务:");
    e=DeSqQueue(Q);
    printf("任务%c已打印完成\n",e.name);
    printf("6.出队序列为:\n");
    while(SqQueueEmpty(Q))
    {
        e=DeSqQueue(Q);
        printf("任务%c已打印完成\n",e.name);
    }
    printf("7.打印任务管理队列是否为空?");
    if(SqQueueEmpty(Q)==0)
        printf("队列空\n");
    else
        printf("队列非空\n");
    printf("\n");
    printf("8.释放队列\n");
    DestroySqQueue(Q);
}
```

5. 运行结果

操作系统打印机管理器运行结果如图 2-13 所示。

图 2-13　操作系统打印机管理器运行结果

2.6.2　实验项目与指导

实验项目 1:车厢调度。

1. 问题描述

假设停在铁路调度入口处的列车编号依次为 $1,2,\cdots,n$。假定一列火车共有 n 节车厢,每节车厢停在不同的车站,为了便于从车上卸掉相应的车厢,车厢的编号应与车站的编号相同,这样,每个车站只需要卸掉最后一节车厢即可。所以,给定任意次序的车厢后,必须重新排列它们。

2. 实验要求

设计程序求出所有可能的长度为 n 的输出车厢序列。

（1）采用栈或队列等数据结构。

（2）输出调度序列。

（3）推荐采用双栈结构求解。

3. 实验思路

可以通过转轨站完成车厢的重排工作,在转轨站中有一个入轨、一个出轨和 K 个缓冲轨(入轨和出轨之间),开始时,n 节车厢从入轨进入转轨,结束时按照编号 $1\sim n$ 的次序离开。

从前至后依次检查入轨上的车厢,如果正在检查的车厢就是下一个满足要求的车厢,则直接放入出轨上;如果不是,则把它移动到缓冲轨上,直到按输出次序要求轮到它时才将它放到出轨上。缓冲轨按照 LIFO 方式使用,进出都在缓冲轨的顶部进行,在重排过程中仅允许两种移动操作:车厢可以从入轨的前部(右端)移动到一个缓冲轨的顶部或出轨的左端,车厢可以从一个缓冲轨的顶部移动到出轨的左端。

实验项目 2：停车场管理。

1. 问题描述

设停车场采用南北方向的双口,每个口都有一个入口和出口。另外停车场入口处各有一个单车道的等候通道,并允许等候的车辆因急事从等候通道直接开走。

2. 实验要求

设计停车场模拟管理程序。

（1）采用栈或队列等数据结构。

（2）实现对等候车辆的管理。

（3）实现对停车位的管理。

3. 实验思路

该题目的目的是深入掌握栈和队列的应用。因本题为应用题,所以解决方案只要合理即可,不仅限于本部分提供的方案思路。设停车场内有一个可以存放 n 辆汽车的停车场,且有南北两个大门进出,车辆可选择从 N 或 S 两个门进入停车场。汽车在停车场内按车辆到达时间的先后顺序依次等待进入停车场,但是因为允许等候的车辆因急事从等候通道直接开走,所以该等候队列可使用特殊的队列实现(可以允许中间车辆离开,后续车辆依次向前)。这里空位使用栈管理(较好的位置排在前面使用率较高),当有车离开时将空位编号入栈,优先将空位分配给等待队列的队头车辆停入对应的停车位。每一组车辆数据包括三个数据项,分别为车辆到达时间、车辆离开时间、车牌号(可根据需要增加需要的数据项)。车辆离开时根据停车时间计算停车费用。

这里,以结构采用顺序栈和循环队列实现为例。设计的操作功能及算法主要包括以下几种。

（1）InitStack(SqStack ＊S)：初始化栈 S。

（2）StackEmpty(SqStack ＊S)：判断栈是否为空。

（3）StackFull(SqStack ＊S)：判断栈是否已满。

（4）Push(SqStack ＊S,ElemType e)：元素 e 进栈 S。

（5）Pop(SqStack ＊S,ElemType e)：元素 e 出栈 S。

（6）DispStack(SqStack ＊S)：输出从栈顶到栈底的元素。

（7）InitQueue(SqQueue ＊Q)：初始化队列 Q。

（8）QueueEmpty(SqQueue ＊Q)：判断队列是否为空。

（9）QueueFull(SqQueue ＊Q)：判断队列 Q 是否已满。

（10）EnQueue (SqQueue ＊Q,ElemType e)：元素 e 进队列 Q。

（11）DeQueue (SqQueue ＊Q,ElemTypee)：元素 e 出队列 Q。

（12）DispStack(SqQueue ＊Q)：输出从队头到队尾的元素。

实验项目 3：算术表达式求值。

1. 问题描述

由输入的四则算术表达式字符串,动态生成算术表达式所对应的后缀式,通过后缀式求值并输出。

2. 实验要求

设计十进制整数四则运算计算器。

（1）采用顺序栈等数据结构,并可以将数据存储在顺序表中。

（2）给定表达式字符串,生成后缀表达式。

（3）对后缀表达式求值并输出。

3. 实验思路

为＋、－、＊、/、(、)、＝这些符号设置优先级：设置＋、－、＝的优先级为 1,＊、/的优先级为 2,"("的优先级为 3。

设置两个栈,一个为数栈,一个为符号栈。对输入的表达式中的每一个字符做如下 4 种处理。

（1）若为数字或小数点,则处理这个数字,并将这个数字进栈 1。

（2）若为运算符,则比较该运算符和栈 2 的栈顶运算符的优先级,如果相等或更低,则从栈 1 取出 2 个数字,并从栈 2 取出一个运算符,执行相应的运算,得到的运算结果放入栈 1。直到栈 2 的运算符优先级更低,将该运算符放入栈 2 中。

（3）如果是右括号,则从栈 1 取出 2 个数字,从栈 2 取出一个运算符进行运算,得到的运算结果放入栈 1 中,直到栈 2 的栈顶元素为左括号为止,并将这个"("出栈。

（4）最后,栈 2 为空,栈 1 中只剩一个数,该数即为表达式的结果。

实验项目 4：迷宫问题。

1. 问题描述

设一个 $M \times N$ 的迷宫,0 和 1 分别表示通道和障碍。

2. 实验要求

设计程序实现求从入口到出口的任意通道。
（1）采用栈等数据结构。
（2）应用穷举法回溯策略求解。
（3）尝试求解所有通路或最佳路径。

3. 实验思路

本实验中用 mg 作为迷宫数组,用 st 数组作为顺序栈,path 数组保存一条迷宫路径。将它们都设置为全局变量。主要包括两个功能函数。

（1）求解迷宫问题,即输出从入口到出口的全部路径和最短路径（包括长度）,其中 min 记录最短路径长度,path 数组记录最短路径,即 mgPath(int xi,int yi,int xe,int ye)。

（2）输出一条路径并求最短路径,即 DispPath( )。

实验项目 5：八皇后问题。

1. 问题描述

设一个 8×8 的棋盘里放置 8 个皇后,要求在每行、每列、每斜线只允许放置一个皇后。

2. 实验要求

设计实现所有可能解的程序。
（1）采用栈等数据结构。
（2）应用穷举法回溯策略求解。
（3）尝试采用递归和非递归算法求解。

3. 实验思路

通过解决八皇后问题,掌握栈的应用的算法设计。要求在每行、每列、每斜线只允许放置一个皇后,即 8×8 的方格里放置 8 个皇后,每个皇后不同列、不同行、不同对角线。其中,用 col[8] 数组存放 8 个皇后的位置,col[i] 表示列,如第 i 个皇后的位置坐标是(i, col[i])。

可选取顺序栈作为辅助结构:

```
typedef struct{
    int col[MaxSize];
int top;
}StackType;
```

本算法的核心函数为确定第 i 个皇后的位置。首先,对于第 i 个皇后,测试是否与栈中已存放好的皇后的位置有冲突,不同行是不会有冲突的。最后,再判断两条对角线的冲突。这里,若它们在任一对角线上,则构成一个等腰直角三角形。

实验项目 6:运动员混合双打组合。

1. 问题描述

设有 M 个男羽毛球运动员和 N 个女羽毛球运动员,现进行男女混合双打组合 K 轮配对。男女运动员分别编号排队在等候队列,按顺序依次从男女运动员中各出队 1 人组合配对。本轮没成功配对者等待下一轮配对。

2. 实验要求

设计程序模拟完成运动员组合配对过程。
(1)采用队列等数据结构。
(2)输出每轮的配对信息。

3. 实验思路

先入队的男队员或女队员也先出队参加配对,因此该问题有典型的先入先出特性,可采用队列作为算法的数据结构。配对开始时,依次从男队和女队的队头各出一人配成一对。若两队初始人数不相同,则较长的那一队等待下一轮配对,K 轮配对以较短的队伍完成 K 轮配对为准。

实验项目 7:电路布线问题。

1. 问题描述

印制电路板将布线区域划分为 $n \times n$ 个方格阵列。在布线时,电路只能沿直线或直角布线。为避免线路相交,已布线的方格要做封锁标记。设起始位置为 a,终止位置为 b,求解电路布线问题。

2. 实验要求

设计印制电路板的布线模拟程序。
(1)采用栈或队列等数据结构。
(2)采用穷举法的回溯搜索,求 a 到 b 可能的布线线路。

（3）推荐采用层次优先搜索,求 a 到 b 最优的布线线路。

3. 实验思路

本部分可参考迷宫部分实验思路解决。

实验项目 8：马踏棋盘问题。

1. 问题描述

中国象棋中的"马"走子的规则是：马走日字形。

2. 实验要求

设计实现求象棋盘中的某一点出发踏遍棋盘所有点的程序。
（1）采用栈等数据结构。
（2）应用穷举法回溯策略求解。
（3）尝试求解所有出发点的可能解。

3. 实验思路

本部分可参考迷宫部分实验思路解决。

实验项目 9：简单背包问题。

1. 问题描述

设一个背包所允许的质量是 M,假设有 N 件物品,物品的质量分别是 W_i,可以任意挑选物品将背包装满。

2. 实验要求

设计程序实现将给定背包装满的可能解。
（1）采用栈等数据结构。
（2）应用穷举法回溯策略求解。
（3）尝试采用递归和非递归算法求解。

3. 实验思路

按照要求选出物品放入背包并恰好能装满背包,找出所有可能的解。本问题可采用栈作为本算法的数据结构,将 N 件物品依次入栈,并记录栈中物品总质量,若遇到不合适的物品超过总质量,则将最顶端的物品出栈,以此类推,若总质量刚好为 M,则输出当前栈内的所有物品,可使用贪心算法。这里,需要注意的是,由于需要输出所有的解,因此质量相同的物品需看作不同的物品对待才可得到所有的解。

实验项目 10：公交车站台排队问题。

1. 问题描述

假设某公交车站站点有 4 路公交车都可以到达某商业区，人们排队等候上车。现要调研统计每天每路公交车的乘客平均人数和等候时间。

2. 实验要求

设计程序模拟公交车的乘客运营情况。

(1) 采用线性表等数据结构。

(2) 可随机产生乘客到达车站的时间和等候时间。

(3) 设每路公交车都按规定时间运营。

(4) 可以简化给定条件。

3. 实验思路

先到达的乘客根据各路公交车到达的时间先上车，同时设定 4 路公交车的开始运营时间和车隔时间，每路公交车也为先到站的公交车先开出，因此该问题有典型的先入先出特性，可采用队列作为算法的数据结构。其中，公交车是有规律的运营，乘客到达的时间随机，乘客数据结构可根据需要设定，可包括姓名、编号、到达时间、所乘坐的公交车等，题目为应用性题目，因此设置原则为合理即可。

第 3 章

树

本章首先介绍树的主要特性,主要包括树的定义、性质、存储结构以及遍历等,读者在熟悉基本知识的基础上,实现在存储结构上的各种基本操作完成基础验证性实验,进而完成设计性实验,并针对应用性问题选择合适的存储结构,设计算法,完成最后一部分的应用性探究式综合创新型实验。其中,"树概述"部分可作为对于数据结构重点理论知识点的预习或复习使用。

3.1 树概述

树结构是数据结构中一种重要的非线性数据结构,其结点之间具有明确的层次关系,并且具有分支特性。树结构的基础知识主要如下。

(1) 树(Tree)是 $n(n \geqslant 0)$ 个结点的有限集。在任意一棵非空树中:

① 有且仅有一个特定的称为根(Root)的结点。

② 当 $n > 1$ 时,其余结点可分为 $m(m > 0)$ 个互不相交的有限集 $T_1, T_2, \cdots,$ T_m,其中,每个集合本身又是一棵树,并且称为根的子树(SubTree)。

(2) 结点拥有的子树数称为结点的度(Degree)。

(3) 度为 0 的结点称为叶子(Leaf)或终端结点。

(4) 度不为 0 的结点称为非终端结点或分支结点。

(5) 树内各结点的度的最大值称为树的度。

(6) 结点的层次(Level)从根开始定义起,根为第一层,根的孩子为第二层;若某结点在第 l 层,则其子树的根就在第 $l+1$ 层。

(7) 树中结点的最大层次称为树的深度(Depth)或高度。

(8) 如果将树中结点的各子树看成从左至右是有次序的(即不能互换),则称该树为有序树,否则称为无序树。

(9) 森林(Forest)是 $m(m \geqslant 0)$ 棵互不相交的树的集合。

(10) 二叉树(Binary Tree)是另一种树结构,它的特点是每个结点至多只有两棵子树(即二叉树中不存在度大于 2 的结点),并且,二叉树的子树有左右之分,其次序不能任意颠倒。

(11) 二叉树的性质如下。

① 性质 1 在二叉树的第 i 层上至多有 2^{i-1} 个结点($i \geqslant 1$)。

② 性质 2　深度为 k 的二叉树至多有 2^k-1 个结点 $(k \geqslant 1)$。

③ 性质 3　对任何一棵二叉树 T，如果其终端结点数为 n_0，度为 2 的结点数为 n_2，则 $n_0=n_2+1$。

④ 性质 4　具有 n 个结点的完全二叉树的深度为 $\lfloor \log_2 n \rfloor+1$。

⑤ 性质 5　如果对一棵有 n 个结点的完全二叉树，其深度为 $\lfloor \log_2 n \rfloor+1$ 的结点按层序编号，从第 1 层到第 $\lfloor \log_2 n \rfloor+1$ 层，每层从左到右，则对任一结点 $i(1 \leqslant i \leqslant n)$，有

a. 如果 $i=1$，则结点 i 是二叉树的根，无双亲；如果 $i>1$，则其双亲 PARENT(i) 是结点 $i/2$ 取下限。

b. 如果 $2i>n$，则结点 i 无左孩子（结点 i 为叶子结点）；否则，其左孩子 LCHILD(i) 是结点 $2i$。

c. 如果 $2i+1>n$，则结点 i 无右孩子；否则，其右孩子 RCHILD(i) 是结点 $2i+1$。

（12）遍历二叉树是指如何按某条搜索路径巡访树中每一个结点，使得每个结点均被访问一次，而且仅被访问一次。二叉树的遍历主要包括层次遍历、先序遍历、中序遍历和后序遍历等。

（13）利用二叉链表剩余的 $n+1$ 个空指针域来存放遍历过程中结点的前驱、后继指针，这种附加的指针称为线索，加上了线索的二叉树称为线索二叉树（Threaded Binary Tree）。

（14）二叉树的顺序存储结构定义（二叉树的顺序存储结构的 C 语言描述）如下。

```
#define MaxTreeSize 100              //二叉树的最大结点数
typedef char SqBiTree[MaxTreeSize];  //0 号单元存储根结点
SqBitree T;
```

（15）二叉链表存储结构定义（二叉链表存储结构的 C 语言描述）如下。

```
#define MaxSize 100                  //二叉树的最大结点数
typedef char ElemType;               //数据类型
typedef struct BiTNode
{
    ElemType data;                   //数据域
    struct BiTNode * lchild;         //左孩子
    struct BiTNode * rchild;         //右孩子
}BiTree;                             //二叉链表结点类型定义
BiTree T;
```

（16）二叉树的二叉线索存储表示（二叉树的二叉线索存储的 C 语言描述）如下。

```
#define MaxSize 100                  //二叉树的最大结点数
typedef char ElemType;               //数据类型
typedef struct BiThrNode
{
    ElemType data;                   //数据域
    struct BiThrNode * lchild;       //左孩子
    struct BiThrNode * rchild;       //右孩子
    int LTag;                        //线索标记
```

```
    int RTag;                           //线索标记
}BiThrNode, * BiThrTree;
```

（17）树的存储结构表示方法有双亲表示法、孩子表示法和孩子兄弟表示法。

（18）双亲表示法存储结构定义（C 语言描述）如下。

```
#define MaxSize 100                     //二叉树的最大结点数
typedef char ElemType;                  //数据类型
//双亲表示法
typrdef struct PTNode
{
    ElemType data;                      //数据域
    int parent;                         //双亲位置
}PTNode;
typrdef struct
{
    PTNode nodes[MaxSize];
    int r;                              //根的位置
    int n;                              //结点数
}PTree;                                 //树结构
```

（19）孩子链表表示法存储结构定义（C 语言描述）如下。

```
#define MaxSize 100                     //二叉树的最大结点数
typedef char ElemType;                  //数据类型
typedef struct CTNode                   //孩子结点
{
    int child;                          //孩子结点在向量中对应的序号
    struct CTNode * next;               //指针域
} * ChildPtr;
typedef struct
{
    ElemType data;                      //存放树中结点数据
    ChildPtr firstchild;                //孩子链表头指针
}CTBox;
typedef struct
{
    CTBox nodes[MaxSize];
    int n,r;                            //n 为结点总数,r 指出根在向量中的位置
}CTree;
```

（20）孩子兄弟链表表示方法存储结构的定义（C 语言描述）如下。

```
typedef struct CSNode
{
    ElemType data;
    struct CSNode * firstchild;
```

```
        struct CSNode * nextsibling;
}CSTree;
```

（21）从树中一个结点到另一个结点之间的分支构成这两个结点之间的路径,路径上的分支数目称为路径长度。

（22）结点的权是指在实际应用中常给树中的每个结点赋予一个具有某实际意义的数值,该数值被称为结点的权;从树根到某一结点的路径长度与该结点的权的乘积被称为结点的带权路径长度。树的带权路径长度是指树中所有叶子结点的带权路径长度之和。

（23）有 n 个权值$\{w_1,w_2,\cdots,w_n\}$,试构造一棵有 n 个叶子结点的二叉树,每个叶子结点带权为 w_i,则其中带权路径长度最小的二叉树称为最优二叉树或哈夫曼树。

（24）任一个字符的编码都不是另一个字符的编码的前缀,这种编码称为前缀编码。

3.2　实验目的和要求

本部分可作为验证性实验、设计性实验和应用性探究式综合创新型实验共同的实验目的和要求使用。

（1）掌握二叉树的基本特性。

（2）掌握二叉树各种存储结构的特点和适用范围。

（3）掌握二叉树的基本操作,如建立、插入和删除等基本操作。

（4）掌握二叉树的递归遍历算法和非递归遍历算法,主要包括二叉树的先序、二叉树的中序和二叉树的后序遍历等。

（5）通过二叉树的遍历算法,加深对二叉树的理解,逐步培养解决实际应用问题的能力。

（6）掌握树相关应用题目,如哈夫曼树的建立及其应用等。

（7）掌握线索二叉树的基本操作。

（8）掌握树的存储结构和遍历。

3.3　实验原理

本部分可作为验证性实验、设计性实验和应用性探究式综合创新型实验共同的实验原理使用。

树是 $n(n \geqslant 0)$ 棵互不相交的子树的集合。在一棵非空树中,数据对象是具有相同类型的数据元素的集合,数据元素之间的关系是一对多的层次关系。由于树的定义是递归的,对树的处理,原则上也可采用递归的方式。

二叉树是一种非常重要的类型。二叉树是另一种树结构,它的特点是每个结点至多只有两棵子树(即二叉树中不存在大于 2 的结点)。并且,二叉树的子树有左右之分,其次序不能任意颠倒。二叉树有顺序存储结构和链式存储结构两种方式。二叉树的遍历包括层次遍历、先序遍历、中序遍历和后序遍历。遍历二叉树是进行二叉树上各种操作及其应用的基础。

树有多种实现形式,本实验要求将树作为抽象数据类型,并在其各种基本操作的基础上，完成设计性实验、应用性探究式综合创新型实验。

3.4　验证性实验

3.4.1　二叉树顺序存储的基本操作

二叉树的顺序存储代码

二叉树的顺序存储视频讲解

1. 目的

学习二叉树顺序存储结构，掌握二叉树顺序存储的各个基本运算的算法设计与实现。

2. 内容

二叉树顺序存储的基本操作如下。

（1）按层次次序输入二叉树中结点的值，构造顺序存储的二叉树 T，其基本操作为 InitBiTree（SqBiTree T）。

（2）获取给定结点的左孩子，其基本操作为 LeftChild（SqBiTree T，char e）。

（3）获取给定结点的右孩子，其基本操作为 RightChild（SqBiTree T，char e）。

（4）获取给定结点的双亲，其基本操作为 Parent（SqBiTree T，char e）。

（5）依次输出显示树中每一个结点的元素值，其基本操作为 DispBiTree（SqBiTree T）。

3. 算法实现

对应于第 2 部分内容，二叉树（以完全二叉树为例）及其相应的顺序存储结构如图 3-1 所示。

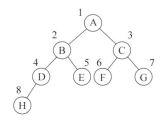

(a) 完全二叉树

0	1	2	3	4	5	6	7	8
	A	B	C	D	E	F	G	H

(b) 顺序存储结构

图 3-1　二叉树及其相应的顺序存储结构

二叉树顺序存储结构的基本操作算法实现如下。

```
#include<stdio.h>
```

```
#include<malloc.h>
#define MaxTreeSize 100
typedef char SqBiTree[MaxTreeSize];          //顺序存储结构类型定义
int num;                                     //结点数

//基本操作

//建树
void InitBiTree(SqBiTree T){
    int i;
    char ch;
    printf("请输入长度");
    scanf("%d",&num);
    printf("按照层序输入结点的值(T[0]='0'表示空树):");
    ch=getchar();
    for(i=1;i<=num;i++)
    {
        scanf("%c",&T[i]);                   //依次输入各结点的值
    }
}


//依次输出显示树中每一个结点的元素值
void DispBiTree(SqBiTree T)
{
    int i;
    for(i=1;i<=num;i++)
    {
        printf("%c ",T[i]);
    }
    printf("\n");
}


//获取左孩子
char LeftChild (SqBiTree T,char e){
    int i;
    if(T[i]=='0')                            //如果为'0'则为空树
        return NULL;
    else
    {
        for(i=1;i<=num;i++)
        {
            if(T[i]==e)
                return T[i*2];               //根据树的特性,其左孩子为T[i*2]
        }
```

```
        }
    }

//获取右孩子
char RightChild (SqBiTree T,char e){
    int i;
    if(T[i]=='0')                        //如果为'0'则为空树
        return NULL;
    else
    {
        for(i=1;i<=num;i++)
        {
            if(T[i]==e)
                return T[i*2+1];         //根据树的特性,其右孩子为 T[i*2]
        }
    }
}


//获取双亲
char Parent (SqBiTree T,char e){
    int i;
    if(T[i]=='0')                        //如果为'0'则为空树
        return NULL;
    else
    {
        for(i=1;i<=num;i++)
        {
            if(T[i]==e)
                return T[i/2];
        }
    }
}


//主函数
void main()
{
    SqBiTree T;
    InitBiTree(T);
    printf("该二叉树为:");                //首先输入长度8,接着输入 ABCDEFGH
    DispBiTree(T);
    printf("B 的左孩子是:%c\n",LeftChild(T,'B'));
    printf("B 的右孩子是:%c\n",RightChild(T,'B'));
    printf("B 的双亲是:%c\n",Parent(T,'B'));
}
```

4. 运行结果

二叉树顺序存储结构的基本操作程序运行结果如图 3-2 所示。

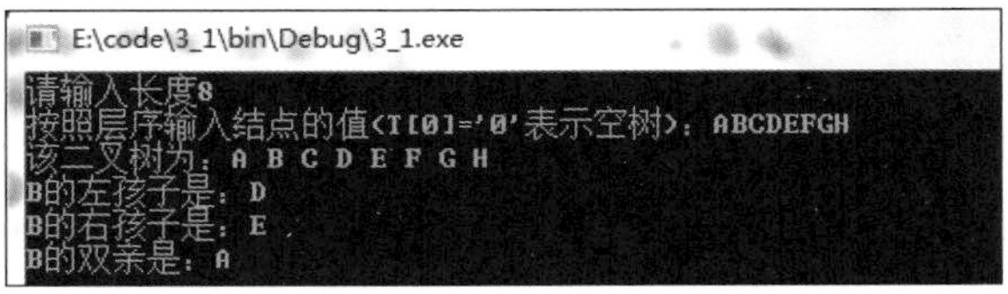

图 3-2   二叉树顺序存储结构的基本操作程序运行结果

3.4.2   二叉树二叉链表存储的基本操作

二叉树二叉链表存储代码   二叉树二叉链表存储视频讲解

1. 目的

学习二叉树的二叉链表存储结构，掌握二叉树的二叉链表存储的各个基本运算的算法设计与实现。

2. 内容

二叉树二叉链表存储的基本操作如下。

（1）构造二叉树 T，由括号表示 s 字符串，如只有根结点 M 和右孩子 N，但左孩子为空的二叉树，其 s 字符串为 M(,N)，其基本操作为 InitBiTree(BiTree * T,char * s)。

（2）二叉树 T 已存在，销毁二叉树 T，释放二叉树 T 的所有结点，其基本操作为 DestroyBiTree(BiTree * T)。

（3）二叉树 T 已存在，用括号表示法输出二叉树 T，其基本操作为 DispBiTree(BiTree * T)。

（4）二叉树 T 已存在，先序递归遍历 T，其基本操作为 PreOrderTraverse(BiTree * T)。

（5）二叉树 T 已存在，中序递归遍历 T，其基本操作为 InOrderTraverse(BiTree * T)。

（6）二叉树 T 已存在，后序递归遍历 T，其基本操作为 PostOrderTraverse(BiTree * T)。

（7）二叉树 T 已存在，层次递归遍历 T（利用辅助队列），其基本操作为 LevelOrderTraverse(BiTree * T)。

3. 算法实现

对应于第 2 部分内容，二叉树结点结构如图 3-3 所示。二叉树二叉链表存储结构的基本操作算法实现如下。

lchild	data	rchild

图 3-3   二叉树结点结构

```c
#include<stdio.h>
#include<malloc.h>
#define MaxTreeSize 100          //二叉树的最大结点数,或空间的最大值
typedef char ElemType;           //数据类型
typedef struct BiTNode
{
    ElemType data;               //数据域
    struct BiTNode * lchild;     //左孩子
    struct BiTNode * rchild;     //右孩子
}BiTree;                         //二叉链表结点类型定义

//基本操作

//递归销毁二叉树 T
void DestroyBiTree(BiTree * T)
{
    if(T!=NULL)                  //后序顺序销毁二叉树
    {
        DestroyBiTree(T->lchild);
        DestroyBiTree(T->rchild);
        free(T);
    }
}

//FindBiTreeNode(BiTree * T,ElemType e)为中间辅助函数,其功能为返回 data 域为 e 的
//结点指针函数
BiTree * FindBiTreeNode(BiTree * T,ElemType e)
{
    BiTree * p=(BiTree * )malloc(sizeof(BiTree));
    if(T->data!=e&&T!=NULL)  //判断如果当前根结点不是要找的结点且不为空,则继续寻找
    {
        p=FindBiTreeNode(T->lchild,e);
        if(p==NULL)
            return FindBiTreeNode(T->rchild,e);
        else
            return p;
    }
    else if(T==NULL)             //为空则返回空
    {
        return NULL;
    }
    else if(T->data==e)          //如果根结点值即为所要找的值,则返回根结点
        return T;
    else                         //否则给出用户提示"异常"
```

```
        printf("异常");
    }


//显示输出二叉树的结点值
void DispBiTree(BiTree * T)
{
    if(T==NULL)                         //判断根结点是否为空
    {
        return;
    }
    else
    {
        printf("%c",T->data);           //输出结点值
        if(T->lchild!=NULL||T->rchild!=NULL)
                                        //当左孩子或右孩子有其中之一不为空时
        {
            printf("(");
            DispBiTree(T->lchild);
            if(T->rchild!=NULL)
                printf(",");
            DispBiTree(T->rchild);
            printf(")");
        }
    }
}


//二叉树的先序、中序、后序和层次遍历

//先序递归遍历 T
void PreOrderTraverse(BiTree * T)
{
    if(T==NULL)                         //若二叉树为空,则直接调用 return
    {
        return;
    }
    else    //若二叉树非空,递归调用先序递归遍历,依次访问根结点,递归访问左孩子,递归访
            //问右孩子
    {
        printf("%c ",T->data);          //访问根结点
        PreOrderTraverse(T->lchild);    //递归访问左孩子
        PreOrderTraverse(T->rchild);    //递归访问右孩子
    }
}
```

```
//中序递归遍历 T
void InOrderTraverse(BiTree * T)
{
    if(T==NULL)                            //若二叉树为空,则直接调用 return
    {
        return;
    }
    else  //若二叉树非空,递归调用中序递归遍历,依次递归访问左孩子,访问根结点,递归访
        //问右孩子
    {
        InOrderTraverse(T->lchild);       //递归访问左孩子
        printf("%c ",T->data);            //访问根结点
        InOrderTraverse(T->rchild);       //递归访问右孩子
    }
}


//后序递归遍历 T
void PostOrderTraverse(BiTree * T)
{
    if(T==NULL)                            //若二叉树为空,则直接调用 return
    {
        return;
    }
    else  //若二叉树非空,递归调用后序递归遍历,依次递归访问左孩子,递归访问右孩子,访
        //问根结点
    {
        PostOrderTraverse(T->lchild);     //递归访问左孩子
        PostOrderTraverse(T->rchild);     //递归访问右孩子
        printf("%c ",T->data);            //访问根结点
    }
}



//层次递归遍历 T
//需要采用辅助队列实现
void LevelOrderTraverse(BiTree * T)
{
    BiTree * Queue[MaxTreeSize];           //辅助结构使用循环队列实现
    int front;                             //队头指针
    int rear;                              //队尾指针
    front=0;                               //队头指针初值
    rear=0;                                //队尾指针初值
    if(T==NULL)                            //根结点为空
        return;
```

```
        else                                    //根结点非空
            printf("%c ",T->data);              //访问
        rear++;                                 //尾指针后移
        Queue[rear]=T;                          //入队
        while(rear!=front)                      //循环队列判断不为空
        {
            front=(front+1)%MaxTreeSize;        //此处注意循环队列需要对最大存储空间
                                                //MaxTreeSize取模
            T=Queue[front];                     //出队
            if(T->lchild!=NULL)                 //左孩子非空
            {
                printf("%c ",T->lchild->data);  //访问
                rear=(rear+1)%MaxTreeSize;      //尾指针后移
                Queue[rear]=T->lchild;          //入队
            }
            if(T->rchild!=NULL)                 //右孩子非空
            {
                printf("%c ",T->rchild->data);  //访问
                rear=(rear+1)%MaxTreeSize;      //尾指针后移
                Queue[rear]=T->rchild;          //入队
            }
        }
    }


//初始化二叉树T,按照括号表示法输入如图3-4的示例树
void InitBiTree(BiTree * T,char * s)
{
    BiTree * stack[MaxTreeSize];
    for(int num=1;num<=MaxTreeSize;num++)
    {
        stack[num]=(BiTree * )malloc(sizeof(BiTree));
    }
    BiTree * q=(BiTree * )malloc(sizeof(BiTree));
    BiTree * lq=(BiTree * )malloc(sizeof(BiTree));
    BiTree * rq=(BiTree * )malloc(sizeof(BiTree));
    BiTree * p=(BiTree * )malloc(sizeof(BiTree));
    int top=-1;
    int i,j;
    char c;
    j=0;
    T=NULL;                                     //树的初始状态为空
    c=s[j];                                     //c指向待创建树串的头
    while(c!='\0')
    {
```

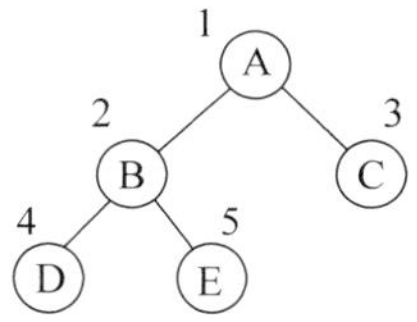

图 3-4　示例示意图

```
        switch(c)
        {
            case '(':top++;                //处理左子树
                    stack[top]=p;
                    i=1;
                    break;
            case ',':i=2;                  //处理右子树
                    break;
            case ')':top--;                //处理子树
                    break;
            default:p=(BiTree *)malloc(sizeof(BiTree));
                    p->data=c;
                    p->lchild=p->rchild=NULL;
                    if(T==NULL)            //若 T 为 NULL,p 则为根结点
                        T=p;
                    else
                    {
                        switch(i)
                        {
                            case 1:stack[top]->lchild=p;
                                    break;
                            case 2: stack[top]->rchild=p;
                                    break;
                        }
                    }                      //if
        }                                  //switch
        j++;
        c=s[j];
}                                          //while
printf("2.输出二叉树:\n");
DispBiTree(T);
printf("\n");
printf("3.B 结点:");
q=FindBiTreeNode(T,'B');
if(q!=NULL)
{
    lq=q->lchild;
    if(lq!=NULL)
        printf("左孩子为%c",lq->data);
    else
        printf("无左孩子");
    rq=q->rchild;
    if(rq!=NULL)
        printf("右孩子为%c",rq->data);
    else
        printf("无右孩子");
```

```
        }printf("\n");

        printf("4.二叉树的先序遍历:\n");
        PreOrderTraverse(T);printf("\n");
        printf("5.二叉树的中序遍历:\n");
        InOrderTraverse(T);printf("\n");
        printf("6.二叉树的后序遍历:\n");
        PostOrderTraverse(T);printf("\n");
        printf("7.二叉树的层次遍历:\n");
        LevelOrderTraverse(T);printf("\n");
        printf("8.释放二叉树\n");
        DestroyBiTree(T);
}

void main()
{
        BiTree * T=(BiTree *)malloc(sizeof(BiTree));
        printf("二叉树的基本操作如下:\n");
        printf("1.建立二叉树\n");
        InitBiTree(T,"A(B(D,E),C);            //包含其他操作调用
        printf("\n");
}
```

4. 运行结果

二叉树二叉链表存储的基本操作程序运行结果如图 3-5 所示。

图 3-5　二叉树二叉链表存储的基本操作程序运行结果

3.4.3　线索二叉树存储的基本操作

线索二叉树存储代码

线索二叉树存储视频讲解

1. 目的

学习线索二叉树的存储结构,掌握线索二叉树存储的各个基本运算的算法设计与实现。

2. 内容

线索二叉树存储的基本操作如下。

(1) 按层次次序输入线索二叉树中结点的值,构造线索二叉树 T,其基本操作为 InitBiThrTree(BiThrTree * T)。

(2) 线索二叉树的中序遍历线索化,其基本操作为 InOrderThreading(BiThrTree * Thrt,BiThrTree * T)。

(3) 中序遍历线索二叉树,其基本操作为 InOrderTraverseBiThrTree(BiThrTree * T)。

(4) 在中序线索二叉树上查找前驱,其基本操作为 InOrderPre(BiThrTree * s)。

(5) 在中序线索二叉树上查找后继,其基本操作为 InOrderPost(BiThrTree * s)。

3. 算法实现

对应于第 2 部分内容,线索二叉树的结点结构如图 3-6 所示。

| lchild | LTag | data | RTag | rchild |

图 3-6　线索二叉树的结点结构

线索二叉树存储结构的基本操作算法实现如下。

```
#include<stdio.h>
#include<malloc.h>
#define MaxSize 100                          //二叉树的最大结点数
typedef char ElemType;                       //数据类型
typedef struct BiThrNode
{
    ElemType data;                           //数据域
    struct BiThrNode * lchild;               //左孩子
    struct BiThrNode * rchild;               //右孩子
    int LTag;                                //线索标记
    int RTag;                                //线索标记
}BiThrNode, * BiThrTree;
BiThrNode * pre, * q;

//基本操作

//构造线索二叉树
void InitBiThrTree(BiThrNode * T)
```

```
    {
        ElemType ch;
        scanf("%c",&ch);
        if(ch!='#')                                    //以#表示结束
        {
            T=(BiThrNode *)malloc(sizeof(BiThrNode));   //申请空间
            T->data=ch;                                 //赋值
            InitBiThrTree(T->lchild);                   //递归
            if(T->lchild)                               //置线索标记
                T->LTag=0;
            InitBiThrTree(T->rchild);                   //递归
            if(T->rchild)                               //置线索标记
                T->RTag=0;
        }
        else
            T=NULL;
    }


    //线索二叉树的中序遍历线索化
    void InThreading(BiThrNode * t)
    {
        BiThrNode * s=(BiThrNode *)malloc(sizeof(BiThrNode));
        if(t)
        {
            InThreading(t->lchild);                     //递归线索化
            s=t;
            if(!s->rchild)                              //判断右孩子是否为空
            {
                t->RTag=1;                              //置线索
                t->rchild=t;
            }
            if(!t->lchild)                              //判断左孩子是否为空
            {
                t->lchild=s;
                t->LTag=1;                              //置线索
            }
            InThreading(t->rchild);                     //递归线索化
        }
    }
    void InOrderThreading(BiThrNode * Th,BiThrNode * T)
    {
        Th->LTag=0;
        Th->RTag=1;
        Th->rchild=Th;
```

```
    if(T!=NULL)
    {
        Th->lchild=T;
        pre=Th;
        InThreading(T);
        pre->rchild=Th;
        pre->RTag=1;
        Th->rchild=pre;
    }
    else
        Th->lchild=Th;
}


//中序遍历线索二叉树
void InOrderTraverseBiThrTree (BiThrNode * T)
{
    BiThrNode * r=(BiThrNode *)malloc(sizeof(BiThrNode));
    r=T->lchild;
    for(;r!=T;r=r->rchild)
    {
        while(r->LTag==0)
            r=r->lchild;
        for(;r->RTag==1&&r->rchild!=T;r=r->rchild)
            printf("%c ",r->data);
    }
}


//在中序线索二叉树上查找前驱
BiThrNode * InOrderPre (BiThrNode * s)
{
    BiThrNode * t=(BiThrNode *)malloc(sizeof(BiThrNode));
    if(s->LTag!=1)                              //判断是否为线索
    {
        t=s->rchild;
        while(t->LTag==0)
            t=t->lchild;
        return t;
    }
    else
        return s->rchild;
}


//在中序线索二叉树上查找后继
BiThrNode * InOrderPost (BiThrNode * s)
```

```
{
    BiThrNode * t=(BiThrNode *)malloc(sizeof(BiThrNode));
    if(s->LTag!=1)              //判断是否为线索
    {
        t=s->lchild;
        while(t->RTag==0)
            t=t->rchild;
        return t;
    }
    else
        return s->lchild;
}

void main()
{
    BiThrNode * T=(BiThrNode *)malloc(sizeof(BiThrNode));
    BiThrNode * Thrt=(BiThrNode *)malloc(sizeof(BiThrNode));
    BiThrNode * Temp=(BiThrNode *)malloc(sizeof(BiThrNode));
    InitBiThrTree(T);           //以有 3 个元素的树为例,如图 3-7 所示
    InOrderThreading(Thrt,T);
    InOrderTraverseBiThrTree(T);
    Temp=InOrderPost(T);
    printf("A 的后继为%c",Temp->data);
    Temp=InOrderPre(T->lchild);
}
```

图 3-7　示例示意图

4. 运行结果

线索二叉树的基本操作程序运行结果如图 3-8 所示。

图 3-8　线索二叉树的基本操作程序运行结果

3.4.4　树的存储结构和遍历

树的存储结构和遍历代码

树的存储结构和遍历视频讲解

1. 目的

学习树的存储结构,掌握树的存储结构的设计以及树和森林的遍历方法。

2. 内容

包括树和森林的存储结构的设计与实现,以及树和森林的遍历方法。

（1）树的存储结构的双亲表示法、孩子表示法以及孩子兄弟表示法。

（2）树和森林的遍历方法,这里代码部分不再详述,文字部分详见相关教材树和森林的遍历部分。

3. 算法实现

对应于第 2 部分内容,树的示例图（以该树为例）、树的双亲表示法示例、树的孩子表示法示例以及孩子兄弟表示法结点结构分别如图 3-9～图 3-12 所示。

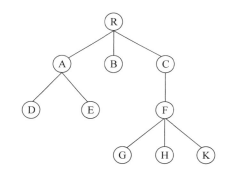

图 3-9　树的示例图

0	R	−1
1	A	0
2	B	0
3	C	0
4	D	1
5	E	1
6	F	3
7	G	6
8	H	6
9	K	6

图 3-10　树的双亲表示法示例

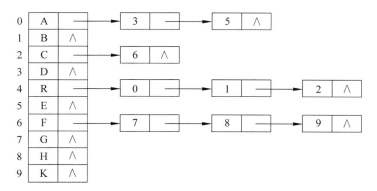

图 3-11　树的孩子表示法示例

data	firstchild	nextsibling

图 3-12　孩子兄弟表示法结点结构

树和森林的存储结构的设计与实现,以及树和森林的遍历方法如下。

```
#define MaxSize 100
typedef char ElemType;
//双亲表示法
typrdef struct PTNode
{
    ElemType data;
    int parent;                        //双亲的位置
}PTNode;
typrdef struct
{
    PTNode nodes[MaxSize];
    int r;                             //根的位置
    int n;                             //结点数
}PTree;


//孩子表示法
typedef struct CTNode                  //孩子结点
{
    int child;                         //孩子结点在向量中对应的序号
    struct CTNode * next;
} * ChildPtr;
typedef struct
{
    ElemType data;                     //存放树中结点数据
    ChildPtr firstchild;               //孩子链表头指针
}CTBox;
typedef struct
{
    CTBox nodes[MaxSize];
    int n,r;                           //n 为结点总数,r 指出根在向量中的位置
}CTree;


//孩子兄弟链表表示法
typedef struct CSNode
{
    ElemType data;
    struct CSNode * firstchild;
    struct CSNode * nextsibling;
}CSTree;
```

3.5 设计性实验

3.5.1 设计性实验题目

本部分可作为数据结构实验的实验课内容、课后练习题、数据结构理论课或实验课作业等使用。也可将本部分作为设计性实验使用,并布置在相应的在线实验平台上,配合在线平台使用。其中,部分题目结合各类程序设计竞赛或考研真题所考查知识点设置。

【项目 3-1】 (本题结合考研真题考查知识点设置)求二叉树的高度。

(1)题目要求。

① 输入形式。

按照括号表示法输入各结点的字符(参考代码以字符串形式提供),以 A(B(D,E),C)为例,如图 3-4 所示。

② 输出形式。

输出高度值如:

3

③ 样例输入。

A(B(D,E),C)

④ 样例输出。

3

(2)题目分析。

本题目可使用二叉链表作为二叉树的存储结构。首先,定义并创建二叉树,接着可使用递归方法求二叉树的高度。

(3)题目主算法。

题目主算法

```
#include<stdio.h>
#include<malloc.h>
#define MaxSize 100
typedef char ElemType;
typedef struct BiTNode
{
    ElemType data;                      //数据域
    struct BiTNode * lchild;            //左孩子
    struct BiTNode * rchild;            //右孩子
}BiTree;

//基本操作

//递归销毁二叉树 T
```

```
void DestroyBiTree(BiTree * T)
{
    if(T!=NULL)                        //判断是否为空,若非空则采用后序遍历方式递归销毁树
    {
        DestroyBiTree(T->lchild);      //递归左子树
        DestroyBiTree(T->rchild);      //递归右子树
        free(T);                       //释放根结点
    }
}


//递归求二叉树的高度
int BiTHeight(BiTree * T)
{
    int lchildheight,rchildheight;     //左右子树高度变量
    if(T!=NULL)
    {
        lchildheight=BiTHeight(T->lchild);   //递归左子树
        rchildheight=BiTHeight(T->rchild);   //递归右子树
        return (lchildheight>rchildheight)?(lchildheight+1):(rchildheight+1);
                                             //返回计算和比较得到的高度
    }
    else
        return 0;                      //空树高度为 0
}


//输出显示二叉树(括号表示法)
void DispBiTree(BiTree * T)
{
    if(T!=NULL)
    {
        printf("%c",T->data);
        if(T->lchild!=NULL||T->rchild!=NULL)
        {
            printf("(");
            DispBiTree(T->lchild);
            if(T->rchild!=NULL) printf(",");
            DispBiTree(T->rchild);
            printf(")");
        }
    }
}


//建立二叉树
void InitBiTree(BiTree * T,char * s)
```

```
{
    BiTree * stack[MaxSize];
    for(int num=1;num<=MaxSize;num++)
    {
        stack[num]=(BiTree *)malloc(sizeof(BiTree));
    }
    BiTree * q=(BiTree *)malloc(sizeof(BiTree));
    BiTree * lq=(BiTree *)malloc(sizeof(BiTree));
    BiTree * rq=(BiTree *)malloc(sizeof(BiTree));
    BiTree * p=(BiTree *)malloc(sizeof(BiTree));
    int top=-1;
    int i,j;
    char c;
    j=0;
    T=NULL;                          //树的初始状态为空
    c=s[j];                          //c指向待创建树串的头
    while(c!='\0')
    {
        switch(c)
        {
            case '(':top++;              //处理左子树
                    stack[top]=p;
                    i=1;
                    break;
            case ',':i=2;                //处理右子树
                    break;
            case ')':top--;              //处理子树
                    break;
            default:p=(BiTree *)malloc(sizeof(BiTree));
                    p->data=c;
                    p->lchild=p->rchild=NULL;
                    if(T==NULL)          //若 T 为 NULL,p 则为根结点
                        T=p;
                    else
                    {
                        switch(i)
                        {
                            case 1:stack[top]->lchild=p;
                                    break;
                            case 2: stack[top]->rchild=p;
                                    break;
                        }
                    }                              //if
        }                                          //switch
```

```
        j++;
        c=s[j];
    }                                      //while
    printf("2.输出二叉树:\n");
    DispBiTree(T);printf("\n");
    printf("3.二叉树的高度为:%d",BiTHeight(T));printf("\n");
    printf("4.释放二叉树\n");
    DestroyBiTree(T);
}

void main()
{
    BiTree * T=(BiTree *)malloc(sizeof(BiTree));
    printf("二叉树的基本操作如下:\n");
    printf("1.建立二叉树\n");
    InitBiTree(T,"A(B(D,E),C)");                //包含其他操作调用
    printf("\n");
}
```

(4)项目 3-1 运行结果如图 3-13 所示。

图 3-13　项目 3-1 运行结果

【项目 3-2】（本题结合程序竞赛考查知识点设置)求二叉树的总结点数。在 K 的房子外面有一棵苹果树,每年秋天树上要结出很多苹果。K 喜欢吃苹果,所以 K 精心地培育这棵苹果树。这棵苹果树有分叉点,连接着分支,且苹果长在分叉点上,且满足分叉点不会有两个苹果的条件,因为 K 需要统计苹果的产量,所以他想知道在这棵树上一共有多少个苹果。请你帮助他。

(1)题目要求。

① 输入形式。

按照括号表示法输入各结点的字符(即苹果,参考代码以字符串形式提供),以 A(B(D,E),C)为例,如图 3-4 所示。

② 输出形式。

输出结点总数值,如:

5

③ 样例输入。

A(B(D,E),C)

④ 样例输出。

5

（2）题目分析。

苹果问题可抽象为求二叉树的结点总数问题,故本题目可使用二叉链表作为二叉树的存储结构。首先,定义并创建二叉树,接着可使用递归方法求二叉树的总结点数。

（3）题目主算法。

```
#include<stdio.h>
#include<malloc.h>
#define MaxSize 100                          //最大存储空间
typedef char ElemType;                       //数据类型
typedef struct BiTNode
{
    ElemType data;                           //数据域
    struct BiTNode * lchild;                 //左孩子
    struct BiTNode * rchild;                 //右孩子
}BiTree;


//基本操作

//递归销毁二叉树 T
void DestroyBiTree(BiTree * T)
{
    if(T!=NULL)                //判断是否为空,若非空则采用后序遍历方式递归销毁树
    {
        DestroyBiTree(T->lchild);            //递归左子树
        DestroyBiTree(T->rchild);            //递归右子树
        free(T);                             //释放根结点
    }
}

//输出显示二叉树(括号表示法)
void DispBiTree(BiTree * T)
{
    if(T!=NULL)
    {
        printf("%c",T->data);
        if(T->lchild!=NULL||T->rchild!=NULL)
        {
            printf("(");
            DispBiTree(T->lchild);
            if(T->rchild!=NULL) printf(",");
            DispBiTree(T->rchild);
```

题目主算法

```
                printf(")");
            }
        }

    }

//求结点数
int Size(BiTree * T)
{
    if(T==NULL)
        return 0;
    else
        return Size(T->lchild)+Size(T->rchild)+1;
}

//建立二叉树
void InitBiTree(BiTree * T,char * s)
{
    BiTree * stack[MaxSize];
    for(int num=1;num<=MaxSize;num++)
    {
        stack[num]=(BiTree *)malloc(sizeof(BiTree));
    }
    BiTree * q=(BiTree *)malloc(sizeof(BiTree));
    BiTree * lq=(BiTree *)malloc(sizeof(BiTree));
    BiTree * rq=(BiTree *)malloc(sizeof(BiTree));
    BiTree * p=(BiTree *)malloc(sizeof(BiTree));
    int top=-1;
    int i,j;
    char c;
    j=0;
    T=NULL;                             //树的初始状态为空
    c=s[j];                             //c指向待创建树串的头
    while(c!='\0')
    {
        switch(c)
        {
            case '(':top++;             //处理左子树
                    stack[top]=p;
                    i=1;
                    break;
            case ',':i=2;               //处理右子树
                    break;
            case ')':top--;             //处理子树
```

```
                              break;
                default:p=(BiTree *)malloc(sizeof(BiTree));
                        p->data=c;
                        p->lchild=p->rchild=NULL;
                        if(T==NULL)                    //若 T 为 NULL,p 则为根结点
                            T=p;
                        else
                        {
                            switch(i)
                            {
                                case 1:stack[top]->lchild=p;
                                       break;
                                case 2: stack[top]->rchild=p;
                                       break;
                            }
                        }                              //if
        }                                              //switch
        j++;
        c=s[j];
    }                                                  //while
    printf("2.输出二叉树:\n");
    DispBiTree(T);printf("\n");
    printf("3.二叉树的结点数:%d\n",Size(T));
    printf("4.释放二叉树\n");
    DestroyBiTree(T);
}

void main()
{
    BiTree * T=(BiTree *)malloc(sizeof(BiTree));
    printf("二叉树的基本操作如下:\n");
    printf("1.建立二叉树\n");
    InitBiTree(T,"A(B(D,E),C)");                       //包含其他操作调用
    printf("\n");
}
```

（4）项目 3-2 运行结果如图 3-14 所示。

图 3-14　项目 3-2 运行结果

【项目 3-3】　（本题结合考研真题考查知识点设置）求二叉树的叶子结点数和结点的最大值。

（1）题目要求。

① 输入形式。

按照括号表示法输入各结点的字符（参考代码以字符串形式提供），以 A(B(D,E),C)为例，如图 3-4 所示。

② 输出形式。

先输出叶子结点数，再输出结点的最大值，如：

3 E

③ 样例输入。

A(B(D,E),C)

④ 样例输出。

3 E

（2）题目分析。

本题目可使用二叉链表作为二叉树的存储结构。首先，定义并创建二叉树，接着可使用递归方法求二叉树的叶子结点数，并求二叉树的结点最大值。

（3）题目主算法。

题目主算法

```c
#include<stdio.h>
#include<malloc.h>
#define MaxSize 100                    //最大存储空间
typedef char ElemType;                 //数据类型
typedef struct BiTNode
{
    ElemType data;                     //数据域
    struct BiTNode * lchild;           //左孩子
    struct BiTNode * rchild;           //右孩子
}BiTree;

//基本操作

//递归销毁二叉树 T
void DestroyBiTree(BiTree * T)
{
    if(T!=NULL)                        //判断是否为空,若非空则采用后序遍历方式递归销毁树
    {
        DestroyBiTree(T->lchild);      //递归左子树
        DestroyBiTree(T->rchild);      //递归右子树
        free(T);                       //释放根结点
```

```
        }
    }

//显示输出最大值
ElemType DispBiTree1(BiTree * T)
{
    ElemType e=NULL,e1=NULL,e2=NULL;          //设置初始值
    if(T!=NULL)                               //判断树是否为空树
    {
        if(T->data>e)                         //比较取大者
            e=T->data;
        if(T->lchild!=NULL)                   //若左子树不为空
            e1=DispBiTree1(T->lchild);        //递归左子树
        if(T->rchild!=NULL)                   //若右子树不为空
            e2=DispBiTree1(T->rchild);        //递归右子树
        if(e1>e) e=e1;                        //取大者
        if(e2>e) e=e2;                        //取大者
    }
    return e;                                 //返回
}

//输出显示二叉树(括号表示法)
void DispBiTree(BiTree * T)
{
    if(T!=NULL)
    {
        printf("%c",T->data);
        if(T->lchild!=NULL||T->rchild!=NULL)
        {
            printf("(");
            DispBiTree(T->lchild);
            if(T->rchild!=NULL) printf(",");
            DispBiTree(T->rchild);
            printf(")");
        }
    }

}

//求叶子结点
int Leaf(BiTree * T)
{
    if(T==NULL)
        return 0;
```

```
            if(T->lchild==NULL&&T->rchild==NULL)
                return 1;
            else
                return Leaf(T->lchild)+Leaf(T->rchild);
    }


    //建立二叉树
    void InitBiTree(BiTree * T,char * s)
    {
        BiTree * stack[MaxSize];
        for(int num=1;num<=MaxSize;num++)
        {
            stack[num]=(BiTree * )malloc(sizeof(BiTree));
        }
        BiTree * q=(BiTree * )malloc(sizeof(BiTree));
        BiTree * lq=(BiTree * )malloc(sizeof(BiTree));
        BiTree * rq=(BiTree * )malloc(sizeof(BiTree));
        BiTree * p=(BiTree * )malloc(sizeof(BiTree));
        int top=-1;
        int i,j;
        char c;
        j=0;
        T=NULL;                             //树的初始状态为空
        c=s[j];                             //c指向待创建树串的头
        while(c!='\0')
        {
            switch(c)
            {
                case '(':top++;             //处理左子树
                        stack[top]=p;
                        i=1;
                        break;
                case ',':i=2;               //处理右子树
                        break;
                case ')':top--;             //处理子树
                        break;
                default:p=(BiTree * )malloc(sizeof(BiTree));
                        p->data=c;
                        p->lchild=p->rchild=NULL;
                        if(T==NULL)          //若T为NULL,p则为根结点
                            T=p;
                        else
                        {
                            switch(i)
```

```
                    {
                        case 1:stack[top]->lchild=p;
                              break;
                        case 2: stack[top]->rchild=p;
                              break;
                    }
                }                                    //if
            }                                        //switch
        j++;
        c=s[j];
    }                                                //while
    printf("2.输出二叉树:\n");
    DispBiTree(T);printf("\n");
    printf("3.二叉树的叶子结点数:%d\n",Leaf(T));
    printf("4.二叉树结点的最大值为:%c\n",DispBiTree1(T));
    printf("5.释放二叉树\n");
    DestroyBiTree(T);
}


//主函数
void main()
{
    BiTree * T=(BiTree *)malloc(sizeof(BiTree));
    printf("二叉树的基本操作如下:\n");
    printf("1.建立二叉树\n");
    InitBiTree(T,"A(B(D,E),C");            //包含其他操作调用
    printf("\n");
}
```

（4）项目 3-3 运行结果如图 3-15 所示

图 3-15　项目 3-3 运行结果

【项目 3-4】 （本题目结合程序设计竞赛考查知识点设置）编写算法，求二叉树中从根结点到叶子结点的路径，如求一棵二叉树上不同叶子结点的共同祖先，可借鉴本题所采用的方法。

（1）题目要求。

① 输入样例形式（可直接在主函数中给出）。

按照括号表示法输入各结点的字符（参考代码以字符串形式提供），以 A(B(D,E)，

C)为例,如图 3-4 所示。

② 输出形式。

叶子结点对应的从叶子结点到根结点的逆路径,如:

叶子结点 C 到根结点的逆路径为:C->A
叶子结点 D 到根结点的逆路径为:D->B->A
叶子结点 E 到根结点的逆路径为:E->B->A

③ 样例输入(无须输入,在主函数中已经直接给出)。

A(B(D,E),C)

④ 样例输出。

D 逆路径:D-B-A
E 逆路径:E-B-A
C 逆路径:C-A

(2)题目分析。

本题目可使用括号表示法先建立二叉树,再采用先序遍历法输出各叶子结点到根结点的逆路径。

(3)题目主算法。

题目主算法

```
#include<stdio.h>
#include<malloc.h>
#define MaxSize 100
typedef char ElemType;
typedef struct BiTNode
{
    ElemType data;                          //数据域
    struct BiTNode * lchild;                //左孩子
    struct BiTNode * rchild;                //右孩子
}BiTree;

//基本操作

//递归销毁二叉树 T
void DestroyBiTree(BiTree * T)
{
    if(T!=NULL)                 //判断是否为空,若非空则采用后序遍历方式递归销毁树
    {
        DestroyBiTree(T->lchild);           //递归左子树
        DestroyBiTree(T->rchild);           //递归右子树
        free(T);                            //释放根结点
    }
}
```

```
//输出显示二叉树(括号表示法)
void DispBiTree(BiTree * T)
{
    if(T!=NULL)
    {
        printf("%c",T->data);
        if(T->lchild!=NULL||T->rchild!=NULL)
        {
            printf("(");
            DispBiTree(T->lchild);
            if(T->rchild!=NULL) printf(",");
            DispBiTree(T->rchild);
            printf(")");
        }
    }
}


//先序遍历,输出当前各叶子结点到根结点的逆路径
void DispPath(BiTree * T,ElemType path[],int l)
{
    int num;
    if(T==NULL)
        return;
    else
    {
        if(T->lchild!=NULL||T->rchild!=NULL)
        {
            path[l]=T->data;                    //放入路径中
            l++;
            DispPath(T->lchild,path,l);          //递归左子树
            DispPath(T->rchild,path,l);          //递归右子树
        }
        else
        {
            printf("%c的逆路径:%c-",T->data,T->data);
            for(num=l-1;num>0;num--)              //num初值为l-1
                printf("%c-",path[num]);
            printf("%c\n",path[0]);
        }
    }
}


//建立二叉树
void InitBiTree(BiTree * T,char * s)
```

```
{
    BiTree * stack[MaxSize];
    ElemType path[MaxSize];
    for(int num=1;num<=MaxSize;num++)
    {
        stack[num]=(BiTree *)malloc(sizeof(BiTree));
    }
    BiTree * q=(BiTree *)malloc(sizeof(BiTree));
    BiTree * lq=(BiTree *)malloc(sizeof(BiTree));
    BiTree * rq=(BiTree *)malloc(sizeof(BiTree));
    BiTree * p=(BiTree *)malloc(sizeof(BiTree));
    int top=-1;
    int i,j;
    char c;
    j=0;
    T=NULL;                              //树的初始状态为空
    c=s[j];                              //c指向待创建树串的头
    while(c!='\0')
    {
        switch(c)
        {
            case '(':top++;              //处理左子树
                    stack[top]=p;
                    i=1;
                    break;
            case ',':i=2;                //处理右子树
                    break;
            case ')':top--;              //处理子树
                    break;
            default:p=(BiTree *)malloc(sizeof(BiTree));
                    p->data=c;
                    p->lchild=p->rchild=NULL;
                    if(T==NULL)          //若 T 为 NULL,p 则为根结点
                        T=p;
                    else
                    {
                        switch(i)
                        {
                            case 1:stack[top]->lchild=p;
                                    break;
                            case 2: stack[top]->rchild=p;
                                    break;
                        }
                    }                                    //if
```

```
        }                                       //switch
        j++;
        c=s[j];
    }                                           //while
    printf("2.输出二叉树:\n");
    DispBiTree(T);
    printf("\n");
    printf("3.输出树中各个叶子结点的逆路径:\n");
    DispPath(T,path,0);
    printf("4.释放二叉树\n");
    DestroyBiTree(T);
}
void main()
{
    BiTree * T=(BiTree *)malloc(sizeof(BiTree));
    printf("二叉树的基本操作如下:\n");
    printf("1.建立二叉树\n");
    InitBiTree(T,"A(B(D,E),C)");                //包含其他操作调用

    printf("\n");
}
```

(4) 项目 3-4 运行结果如图 3-16 所示。

图 3-16　项目 3-4 运行结果

3.5.2　习题与指导

【习题 3-1】 (本题目结合程序设计竞赛考查知识点设置)有编号是 1 至 N 的 N 个数字($2 \leqslant N \leqslant 8000$),乱序排列且顺序未知,对于每一个位置的数字均知道在它前面比它小的数字有多少个,求该序列。例如,有 5 个数,每个数字前面比它小的数字的个数为 0 1 2 1 0,可以求得该序列为 2 4 5 3 1。

习题指导:该题目可使用"线段树"实现,因篇幅所限,这里提示"线段树"是一种用于取件处理的数据结构,可用完全二叉树实现。

【习题 3-2】 (本题目结合程序设计竞赛考查知识点设置)实现由二叉树的先序序列、中序序列和后序序列构造一棵二叉树的功能。

习题指导:输入先序序列、中序序列和后序序列,输出以层次次序遍历得到的序列。假设先用先序序列 ABCD 和中序序列 BADC 构造二叉树,由中序序列 BADC 和后序序列 BADC 构造二叉树,确定二叉树后使用层次遍历算法输出层次序列。

【习题 3-3】 (本题目结合考研真题考查知识点设置)编写一个非递归程序,判断一棵二叉树是否为完全二叉树。

习题指导:完全二叉树的含义为一棵深度为 k,且有 2^k-1 个结点的二叉树,称为满二叉树,可以对满二叉树由根结点开始编号,从上到下,由左至右,由此可引出完全二叉树的定义,即"深度为 k 且有 n 个结点的二叉树,当且仅当它的每一个结点均与深度为 k 的满二叉树中编号从 1 至 n 的结点一一对应时,称之为完全二叉树"。

本题不可以使用递归,因此需要设置辅助栈或队列编写程序。在遍历过程中利用上述完全二叉树的概念,对从根结点开始的每一个结点判断,若该结点无左孩子,则其也不应该有右孩子,根据这一原则进行判断。

【习题 3-4】 (本题目结合考研真题考查知识点设置)设一棵二叉树采用链式结构存储,指向根结点的指针为 L,结点的数据域、左孩子和右孩子分别为 data、lchild、rchild。请通过层次遍历二叉树,实现将每个结点的左右子树互换算法。

习题指导:可以使用辅助栈或队列实现算法。如使用队列辅助算法层次遍历二叉树,第一步将根结点入队,如果队列不空,则出队,若出队列的结点有左、右子结点则入队。这里,在出队时对出队结点的左右子树对换。可使用的基本操作包括入队、出队和判断队列是否为空等。

3.6 应用性探究式综合创新型实验

3.6.1 实验项目范例

成本问题(结合各类程序设计竞赛考查知识点设置)

代码获取　　　　视频讲解　　　　课件

1. 问题描述

农夫 J 要修理围着牧场的长度很小一段栅栏。农夫 J 测量了栅栏,发现维修栅栏需要 N 块木头,木头的长度为整数 Li 个单位。他购买了一条较长的能锯开的木头,这里可忽略损耗。因为没有锯子,J 向农夫 D 求助,D 要求 J 锯 N−1 次,每一次都要计算费用,并且支付的费用等于该段木头的长度,如长度为 21 的木头就要付 21 美分。例如,将长度为 21 的木头锯成长度为 8、5、8 三段。

方案 1:第 1 次锯木头花费 21 美分,锯成长度为 13、8;第 2 次花费 13 美分,锯成长度

8 和 5;总花费为 21 美分＋13 美分＝34 美分。

方案 2:第 1 次锯木头花费 21 美分,锯成长度为 16、5;第 2 次花费 16 美分,锯成长度为 8 和 8;总花费为 21 美分＋16 美分＝37 美分。

方案 2 比方案 1 花费高。D 让 J 决定锯木头的次序和位置,请帮助农夫 J 确定锯木头的方案,使其花费较少的费用。

本题可抽象为哈夫曼编码问题(以下均在此基础上给出实验要求、实验思路和题目代码)。利用哈夫曼树求得用于通信的二进制编码称为哈夫曼编码。以 N 中字符出现的频率作为权值,设计电文总长度最短的二进制前缀编码(哈夫曼编码)。

2. 实验要求

设计哈夫曼编码及解码程序。
(1)采用二叉树等存储结构。
(2)创建哈夫曼树,生成哈夫曼编码。
(3)编码文件的译码。
(4)可尝试位图文件的压缩问题选做。

3. 实验思路

(1)整体功能如下。
① 输入需要编码的字符,输出哈夫曼编码。
② 输入哈夫曼编码,输出翻译后的字符。
(2)算法的设计如下。
① 统计:使用循环结构统计次数并保存。
② 编码:哈夫曼编码依据字符出现的频率来构造一棵二叉树,之后根据这棵树对字符进行编码,这种编码机制使用最短编码来表示字符串。首先,计算各字符的权值,再选取权值最小的结点,并由 HuffmanTreeCreate 函数构建哈夫曼树,然后从叶子结点到根结点逆向求每个字符的哈夫曼编码。
③ 译码:从根结点开始,若为 0 则将指针指向左子树,若为 1 则将指针指向右子树,以此类推,直到树叶结点,然后输出该结点代表的字母。

4. 题目代码(为普遍适用性,给出常见的编码和译码过程)

```cpp
//为后面 STL 的引入做铺垫和过渡,本题目部分采用 C++语言编程实现(非核心部分),但仍是以
//结构体方式定义数据结构,注意需要在集成开发环境下建立 C++工程编辑、编译和运行等
#include<iostream>
#include<string.h>
#define   UINT_iMAX 10000
using namespace std;
typedef struct {
    char letter;                              //结点值
        char * code;                          //编码
```

```
        int weight;                                     //权重
        int parent;                                     //双亲结点
        int lchild;                                     //左孩子结点
        int rchild;                                     //右孩子结点
}HTNode, * HuffmanTree;

int n;                                                  //结点数
char coding[100];                                       //编码
int Min(HuffmanTree &HT,int i)                          //选择 parent 为 0 且权值最小的结
                                                        //点,返回该结点的下标值

{
    int j;
    unsigned int k = UINT_iMAX;                         //设结点的权值不超过 UINT_MAX
    int flag;                                           //标志位
    for(j = 0; j <= i; ++j)
    {
        if(HT[j].weight < k && HT[j].parent == 0) //若父结点为 0,则已被选取过
        {
            k = HT[j].weight;
            flag = j;                                   //设置标志位
        }
    }
    HT[flag].parent = 1;                                //标记已被选择
    return flag;                                        //返回标志
}
void Select(HuffmanTree &HT, int i, int &s1, int &s2)
{
    //选择 parent 为 0,并且权值最小的两个结点,序号分别为 s1,s2(s1≤s2)
    s1 = Min(HT,i);
    s2 = Min(HT,i);
}
void CreateHuffmanTree(HuffmanTree &HT, char t[], int w[])
{
    int m;
    int i, s1, s2;
    if(n<=1)                                            //如果小于或等于 1,则不需要创建
    return ;
    m=2 * n-1;                                          //共 2n-1 个结点
    HT=new HTNode[m+1];
    for(i=0; i<n; i++)
    {
        HT[i].code="\0";                                //结尾
        HT[i].parent=0;                                 //初始化父结点
        HT[i].lchild=0;                                 //初始化左孩子结点
```

```
    HT[i].rchild=0;                          //初始化右孩子结点
    HT[i].letter=t[i];
    HT[i].weight=w[i];                       //置权值
}
for(i=n; i<=m; i++)
{
    HT[i].code="\0";                         //结尾
    HT[i].parent=0;                          //初始化父结点
    HT[i].lchild=0;                          //初始化左孩子结点
    HT[i].rchild=0;                          //初始化右孩子结点
    HT[i].letter=' ';
    HT[i].weight=0;                          //初始化权值
}
cout<<"+++++++++++++"<<endl;
for(i=n; i<m; i++)
{
Select(HT, i-1,s1, s2);                      //找出权值最小的两个
HT[s1].parent=i;
HT[s2].parent=i;                             //将它们的 parent 结点设置为 i
HT[i].lchild=s1;
HT[i].rchild=s2;                             //分别作为左右结点
HT[i].weight=HT[s1].weight+HT[s2].weight;    //双亲权值为左右孩子结点的权值和
    }
}
void CreateHuffmanCode(HuffmanTree HT)       //由哈夫曼树构造哈夫曼编码
{
    int start, c, f;
    int i;
    char * cd=new char [n];
    cd[n-1]='\0';
    cout<<"字符编码为:"<<endl;
    for(i=0; i<n; i++)
    {
    start=n-1;
    c=i;
    f=HT[i].parent;
        while(f!=0){                         //循环直到树的根结点
            --start;
            if(HT[f].lchild==c){             //处理左孩子
                cd[start]='0';
            }
            else{                            //处理右子树
                cd[start]='1';
            }
```

```
                    c=f;
                    f=HT[f].parent;
            }
        HT[i].code=new char[n-start];
        strcpy(HT[i].code,&cd[start]);
        cout<<HT[i].letter<<":"<<HT[i].code<<endl;          //输出哈夫曼编码
        }
        delete cd;
}
void HuffmanTreeYima(HuffmanTree HT,char cod[],int b)  //译码
{
    char sen[100];
    char temp[50];
    char voidstr[]=" ";
    int t=0;
    int s=0;
    int xx=0;
    for(int i=0; i<b; i++)
     {
            temp[t++]=cod[i];                            //读取字符
            temp[t] = '\0';                              //有效字符串
            for(int j=0;j<n;j++){                        //匹配
             if (!strcmp(HT[j].code,temp)){              //成功
                    sen[s]=HT[j].letter;                 //保存字符
                        s++;
                        xx+=t;
                        strcpy(temp,voidstr);            //置空
                        t=0;
                        break;
                }
            }
        }
    if(t==0){                                            //若置空,则表示匹配
    sen[s]='\0';
        cout<<"译码为:"<<endl;
        cout<<sen<<endl;
    }
    else{                                                //若没有置空,则无法完全匹配
     cout<<"二进制源码有错!从第"<<xx+1<<"位开始"<<endl;
    }
}


int main()
{
```

```
HuffmanTree HT;
char a[100], buff[1024], p;              //a 为存放字符,buff 为输入的字符串,p 为
                                         //输入译码时的字符
int b[100];                              //权值
int   i, j;
int symbol=1, x, k;                      //译码做判断
cout<<"请输入一段文字:";

cin.getline(buff,1024);
int len=strlen(buff);
for (i=0;i<len;i++)
{
    for(j=0; j<n; j++)
    {
            if (a[j]==buff[i])
            {
                b[j]=b[j]+1;
             break;
            }
    }
    if (j>=n)
    {
        a[n]=buff[i];
        b[n]=1;
        n++;
    }
}
cout<<"字符和权值信息如下"<<endl;
for (i=0;i<n;i++)
{
  cout<<"字符:"<<a[i]<<"   权值:"<<b[i]<<endl;
}
CreateHuffmanTree(HT, a, b);
CreateHuffmanCode(HT);
cout<<"译码:"<<endl;
while(1)
{
    cout<<"请输入要译码的二进制字符串,输入'#'结束:";
    x=1;                                 //判断是否有非法字符,只能是 0 和 1
    k=0;                                 //作为循环变量来使 coding【k】=输入的字符
    symbol=1;                            //判断是否输入结束
    while(symbol){
        cin>>p;
        if(p!='1'&&p!='0'&&p!='#'){      //若存在其他字符,设为 0
```

```
                x=0;
            }
        coding[k]=p;
        if(p=='#')
    symbol=0;                                 //以#结束
        k++;
    }
     if(x==1){
    HuffmanTreeYima(HT,coding,k-1);  //进行译码
    }
    else{
        cout<<"有非法字符!"<<endl;
    }
    cout<<"是否继续?(Y/N):";
    cin>>p;
    if(p=='y'||p=='Y')
     continue;
    else
     break;
    }
    return 0;
}
```

5. 运行结果

"成本问题"运行结果如图 3-17 所示。

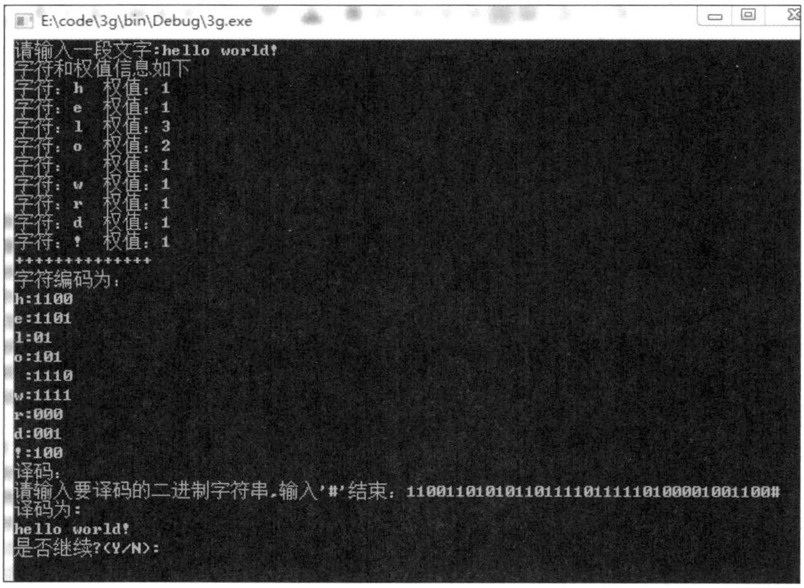

图 3-17 "成本问题"运行结果

3.6.2　实验项目与指导

实验项目 1：Windows 系统文件目录管理。

1. 问题描述

在 Windows 系统中,采用树结构表示目录和文件。本实验要求选择适当的数据结构,实现对文件目录的管理和显示。

2. 实验要求

设计文件目录的管理程序。
(1) 采用树的孩子兄弟链表等存储结构。
(2) 实现在目录树中查找、添加、删除指定文件功能。
(3) 实现扩充目录信息功能。
(4) 实现扩充文件信息功能。

3. 实验思路

为实现文件目录的管理程序,需要设计的功能算法主要包括以下 4 种。
(1) 查找算法,在目录树中查找指定文件。
(2) 添加算法,在目录树中添加新的文件。
(3) 删除算法,删除指定目录或文件,注意删除前需要在函数内部判断是否有子目录和是否为根目录。
(4) 扩充目录、文件信息,需要创建具体的权限等,可自行合理设计。

实验项目 2：互联网域名查询。

1. 问题描述

互联网域名系统是一个典型的树层次结构。从根结点往下的第一层是顶层域,如cn、com 等,最底层(第四层)是叶子结点,如 www 等。因此,域名搜索可以看成是树的遍历问题。

2. 实验要求

设计搜索互联网域名的程序。
(1) 采用树的孩子兄弟链表等存储结构。
(2) 创建树结构。
(3) 通过深度优先遍历搜索。
(4) 通过层次优先遍历搜索。

3. 实验思路

本实验以标准解析树作为阶梯参考(可在浏览器中搜索标准解析树)。可采用孩子兄弟链表等存储结构实现。

实验项目3：家族关系数据库。

1. 问题描述

建立家族关系数据库,实现对家族成员关系的相关查询。

2. 实验要求

设计一个家族关系数据库模拟系统。
(1)采用树的三叉链表等存储结构。
(2)建立家族关系,将其存储到文件中。
(3)实现家族成员的添加功能。
(4)实现查询家族祖先、双亲、孩子、兄弟及后代信息等功能。

3. 实验思路

可借助队列作为辅助结构实现算法,可能用到的队列基本操作包括建空队列、判断队列是否为空、入队、出队等。需要实现的家族数据库操作包括打开家族关系数据库,建立家族树,查询某成员是否存在,添加新成员,查找双亲、兄弟或后代等,该部分数据库问题可参考1.6.1节。

实验项目4：二叉树算术表达式求值。

1. 问题描述

由输入的四则算术表达式字符串,动态生成算术表达式所对应的后缀式,通过后缀式求值并输出。

2. 实验要求

设计十进制整数四则运算计算器。
(1)采用二叉树等存储结构。
(2)给定表达式字符串,生成二叉树。
(3)对二叉树遍历求值并输出。

3. 实验思路

提示：可用二叉树来表示一个简单的算术表达式,树的每一个结点包括一个运算符或运算数。

实验项目 5：全线索链表应用。

1. 问题描述

对二叉树的二叉链表结点增加两个指针域,前驱指针 prior 和后继指针 next。通过该结点构造全线索二叉链表。

2. 实验要求

设计一个全线索二叉链表的应用程序。

（1）创建全线索二叉树。

（2）完成全线索二叉树的主要基本操作。

（3）给出简单应用实例。

3. 实验思路

可参考线索二叉树的基本操作部分,这里需要注意的是,全线索二叉树的定义,在结构实现时需要在原线索二叉树的基础上增加域。

第4章 图

本章首先介绍图的主要特性,重点是在图存储结构基础上的遍历算法等经典算法,读者在熟悉基本知识的基础上,实现在存储结构上的各种基本操作完成基础验证性实验,进而完成设计性实验,并针对应用性问题选择合适的存储结构,设计算法,完成最后一部分的应用性探究式综合创新型实验。其中,"图概述"部分可作为对于数据结构重点理论知识点的预习或复习使用。

4.1 图概述

图是一种复杂的非线性数据结构,在人工智能、工程、化学、数学等领域,图有着广泛的应用。图结构的基础知识主要如下。

(1) 图(Graph)是一种较线性表和树更为复杂的数据结构。在图形结构中,结点之间的关系可以是任意的,图中任意两个数据元素之间都可能相关。

(2) 从图中某一顶点出发访遍图中其余顶点,且使每一个顶点仅被访问一次,这一过程称为图的遍历(Traversing Graph)。通常有两条遍历图的路径:深度优先遍历和广度优先遍历。

(3) 最小生成树算法有两种:普里姆(Prim)算法和克鲁斯卡尔(Kruskal)算法。

(4) 从源点到终点所经过的边上的权值之和最小的路径被称为最短路径。其中,单源最短路径可以使用迪杰斯特拉算法;任意一对顶点之间的最短路径可以使用弗洛伊德算法。

(5) 拓扑有序序列。如果在 AOV(Activity On Vertex Network)网中存在一条从顶点 a 到顶点 b 之间的弧,则在拓扑有序序列中顶点 a 必须领先于顶点 b,反之,如果在 AOV 网中顶点 a 和顶点 b 之间没有弧,则在拓扑有序序列中这两个顶点的先后次序关系可以随意;按照有向图给出的次序关系,将图中顶点排成一个线性序列,对于有向图中没有限定次序关系的顶点,则可以人为加上任意的次序关系。将一个偏序的有向图,改造为一个全序的有向图,这种排序称为拓扑排序。

(6) 邻接矩阵存储结构的定义(邻接矩阵存储结构的 C 语言描述)如下。

```
#define  INFINITY   INT_MAX;                    //最大值∞
#define  maxsize  20;                           //最大顶点个数
    typedef  enum {DG,DN,UDG,UDN} GraphKind;{有向图,有向网,无向图,无向网}
typedef struct ArcCell {                        //弧的定义
    VRType  adj;                                //VRType 是顶点的关系类型
    //对无权图,用 1 或 0 表示是否相邻;对带权图,则为权值类型
    InfoType * info;                            //该弧相关信息的指针
} ArcCell,AdjMatrix [maxsize ] [maxsize ];
typedefstruct {                                 //图的定义
VertexType vexs[maxsize ];                      //顶点信息
AdjMatrix arcs;                                 //表示顶点之间关系的二维数组
int  vexnum,arcnum;                             //图的当前顶点数和弧(边)数
    GraphKind kind;                             //图的种类标志
} MGraph;
```

（7）图的邻接表存储结构的定义（图的邻接表存储结构的 C 语言描述）如下。

```
#define  maxsize  20;
typedef struct ArcNode {                        //弧结点的结构
    int adjvex;                                 //该弧所指向的顶点的位置
    struct ArcNode  * nextarc;                  //指向下一条弧的指针
    InfoType * info;                            //与弧相关信息的指针
}ArcNode ;
typedef struct VNode {                          //顶点结构
    VertexType data;                            //顶点信息
    ArcNode  * firstarc;                        //指向第一条依附该顶点的弧的指针
} VNode,AdjList[maxsize];
typedef struct {                                //图的邻接表结构定义
    AdjList vertices;                           //顶点数组
    int vexnum, arcnum;                         //图的当前顶点数和弧数
    int kind;                                   //图的种类标志
} ALGraph;
```

（8）图的十字链表存储结构的定义（图的十字链表存储结构的 C 语言描述）如下。

```
#define MAX_VERTEX_NUM 20
typedef struct ArcBox {                         //弧的结构表示
    int tailvex, headvex;                       //该弧的尾和头顶点的位置
    struct ArcBox * hlink, * tlink;             //分别为弧头相同和弧尾相同的弧的链域
    InfoType   * info;                          //该弧相关信息的指针
} ArcBox;
typedef struct VexNode {                        //顶点的结构表示
    VertexType  data;
    ArcBox  * firstin, * firstout;              //分别指向该顶点第一条入弧和出弧
} VexNode;
typedef struct {
```

```
        VexNode  xlist[MAX_VERTEX_NUM];        //顶点结点(表头向量)
        int vexnum,arcnum;                     //有向图的当前顶点数和弧数
    } OLGraph;
```

4.2　实验目的和要求

本部分可作为验证性实验、设计性实验和应用性探究式综合创新型实验共同的实验目的和要求使用。

(1) 掌握图的基本存储结构,如邻接矩阵、邻接表和十字链表等。

(2) 掌握图的深度优先遍历和广度优先遍历算法及实现。

(3) 掌握构造图的最小生成树的普里姆算法和克鲁斯卡尔算法。

(4) 掌握有向无环图及其应用,如拓扑排序和关键路径。

(5) 掌握最短路径算法。

(6) 通过图的典型算法加深理解,掌握图的相关应用。

4.3　实验原理

本部分可作为验证性实验、设计性实验和应用性探究式综合创新型实验共同的实验原理使用。

图是一种较线性表和树更为复杂的数据结构。图形结构中的数据元素是多对多的结构关系,结点之间的关系可以是任意的,图中任意两个元素之间都可能相关。图的存储结构常用的包括邻接矩阵、邻接表、逆邻接表和十字链表等。图的两种搜索路径的遍历包括深度优先遍历和广度优先遍历。最小生成树用于构造连通图的最小代价生成树,在交通、通信等领域有着广泛的应用,最小生成树有很多种算法,典型的有普里姆算法和克鲁斯卡尔算法;单源最短路径问题的算法应用也较为广泛,典型的算法为迪杰斯特拉算法,而对于图中每对顶点之间的最短路径的典型算法为弗洛伊德算法。图的应用极为广泛,诸如人工智能、计算机科学、电子线路分析、系统工程、化学、控制论以及社会科学等领域。

图有多种实现形式,本实验要求将图作为抽象数据类型,并在其各种基本操作的基础上完成设计性实验以及应用性探究式综合创新型实验。

4.4　验证性实验

为了能够更好地阐述图的存储结构、图的基本操作,以下将分别介绍。其中,图的存储结构包括邻接矩阵、邻接表和十字链表存储结构等,图的基本操作包括图的深度优先遍历、广度优先遍历等。

4.4.1 图的存储结构及创建

图的存储结构及
创建视频讲解

1. 目的

学习图的邻接矩阵、邻接表和十字链表存储结构,掌握图的邻接矩阵、邻接表的设计与创建,十字链表的设计。

2. 内容

图的邻接矩阵和邻接表存储结构的实现与创建算法,十字链表存储结构的实现。

3. 算法实现

对应于第 2 部分内容,图的示例、图的邻接矩阵、图的邻接表的结点结构、图的十字链表的结点结构、有向图的十字链表分别如图 4-1~图 4-5 所示。

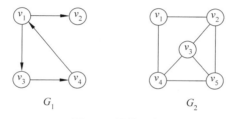

图 4-1　图的示例

$$G_1\_arcs=\begin{bmatrix}0&1&1&0\\0&0&0&0\\0&0&0&1\\1&0&0&0\end{bmatrix}\qquad G_2\_arcs=\begin{bmatrix}0&1&0&1&0\\1&0&1&0&1\\0&1&0&1&1\\1&0&1&0&0\\0&1&1&0&0\end{bmatrix}$$

(a)　　　　　　　　　(b)

图 4-2　图的邻接矩阵

(a) 表结点　　　　　　(b) 头结点

图 4-3　图的邻接表的结点结构

(a) 弧结点　　　　　　(b) 顶点结点

图 4-4　图的十字链表的结点结构

图的邻接矩阵和邻接表存储结构的实现与创建算法实现,以及十字链表存储结构的实现如下。

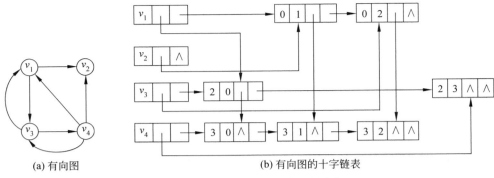

(a) 有向图   (b) 有向图的十字链表

图 4-5   有向图和有向图的十字链表

（1）邻接矩阵存储结构的实现与创建算法如下。

图的存储结构
邻接矩阵代码

```c
#include<stdio.h>
#include<malloc.h>

/*邻接矩阵存储结构*/
#define NumEdges 7                                  //边条数
#define NumVertices 5                               //顶点个数
typedef char VertexData;                            //顶点数据类型
typedef int EdgeData;                               //权值类型
typedef struct{
    VertexData vexlist[NumVertices];                //顶点表
    EdgeData edge[NumVertices][NumVertices];        //边表即邻接矩阵
    int n,e;                                        //图中当前顶点个数与边数
}MGraph;

//基本操作

/*创建图的邻接矩阵*/
void CreateMGraph(MGraph * G)
{
    int i,j;
    char c[NumVertices]={'1','2','3','4'};
    int a[NumVertices][NumVertices]={{0,1,0,1,0},{1,0,1,0,1},{0,1,0,1,1},{1,
0,1,0,0},{0,1,1,0,0}};
    G->n=NumVertices;                               //顶点数
    G->e=NumEdges;                                  //边数
    for(i=0;i<G->n;i++)                             //建立顶点表
        G->vexlist[i]=c[i];
    for(i=0;i<G->n;i++)                             //邻接矩阵的初始化
        for(j=0;j<G->n;j++)
            G->edge[i][j]=a[i][j];
```

```
    }

    //输出邻接矩阵
    void DispMGraph(MGraph * G)
    {
        int i,j;
        for(i=0;i<G->n;i++)                          //邻接矩阵的输出
            {
                for(j=0;j<G->n;j++)
                    printf("%d ",G->edge[i][j]);
                printf("\n");
            }
    }


    //主函数
    void main()
    {
        //本题以图 4-1 中 G₂ 为例
        MGraph * G=(MGraph * )malloc(sizeof(MGraph));
        CreateMGraph(G);
        DispMGraph(G);
    }
```

（2）邻接表存储结构的实现与创建算法如下。

```
#include<stdio.h>
#include<malloc.h>
/* 邻接表存储结构 */
#define NumEdges 4                           //边条数
#define NumVertices 4                        //顶点个数
typedef char VertexData;                     //顶点数据类型
typedef int EdgeData;                        //边上权值类型
typedef struct node{                         //边表中的结点类型
    int adjvex;                              //邻接点下标
    EdgeData cost;                           //边上权值
    struct node * next;                      //指向下一边
}EdgeNode;
typedef struct{                              //顶点表的结点类型
    VertexData vertex;                       //顶点数据信息域
    EdgeNode * firstedge;                    //边链表的头结点
}VertexNode;
typedef struct{                              //图的邻接表
    VertexNode vexlist[NumVertices];
    int n,e;                                 //图中当前的顶点个数与边数
}AdjGragh;
```

图的存储结构
邻接表代码

//基本操作

```
/ * 创建图的邻接表 * /
void CreateAdjGragh(AdjGragh * G)
{
    char c[NumVertices]={'1','2','3','4'};
    int a[NumEdges]={0,0,2,3};
    int b[NumEdges]={1,2,3,0};
    int i,head,tail,weight;
    G->n=NumVertices;                              //顶点个数
    G->e=NumEdges;                                 //边数
    for(i=0;i<G->n;i++)
    {
        G->vexlist[i].vertex=c[i];                 //顶点信息
        G->vexlist[i].firstedge=NULL;              //边表置为空表
    }
    for(i=0;i<G->e;i++)                            //边
    {
        EdgeNode * p=(EdgeNode * )malloc(sizeof(EdgeNode));
        p->adjvex=b[i];
        p->next=G->vexlist[a[i]].firstedge;
        G->vexlist[a[i]].firstedge=p;
    }
}


//输出邻接表
void DispAdjGragh(AdjGragh * G)
{
    int i,j;
    EdgeNode * p=(EdgeNode * )malloc(sizeof(EdgeNode));
    for(i=0;i<G->n;i++)
    {
        printf("%d:",i);
        p=G->vexlist[i].firstedge;
        while(p!=NULL)
        {
            printf("%d ",p->adjvex);
            p=p->next;
        }
        printf("\n");
    }
}
```

```
//主函数
void main()
{
    //本题以图 4-1 中 G₁ 为例
    AdjGragh * G=(AdjGragh *)malloc(sizeof(AdjGragh));
    CreateAdjGragh(G);
    DispAdjGragh(G);
}
```

图的存储结构
十字链表代码

（3）十字链表存储结构的实现如下。

```
#define Max_Vertex_Num 20          //顶点个数
typedef struct ArcBox{
    int tailvex,headvex;           //该弧的尾和头顶点位置
    struct ArcBox * hlink, * tlink;  //分别为弧头相同和弧尾相同的弧的链域
    InfoType * info;               //该弧相关信息的指针
}ArcBox;
typedef struct VexNode{
    VertexType data;
    ArcBox * firstin, * firstout;  //分别为该顶点第一条入弧和出弧
}VertexNode;
typedef struct{
    VertexNode xlist[Max_Vertex_Num];  //表头向量
    int vexnum,arcnum;             //图的当前顶点数和弧数
}OLGraph;
```

4. 运行结果

（1）邻接矩阵存储结构的实现与创建算法运行结果如图 4-6 所示。

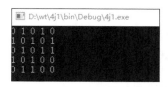

图 4-6　邻接矩阵存储结构的实现与创建算法运行结果

（2）邻接表存储结构的实现与创建算法运行结果如图 4-7 所示。

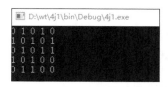

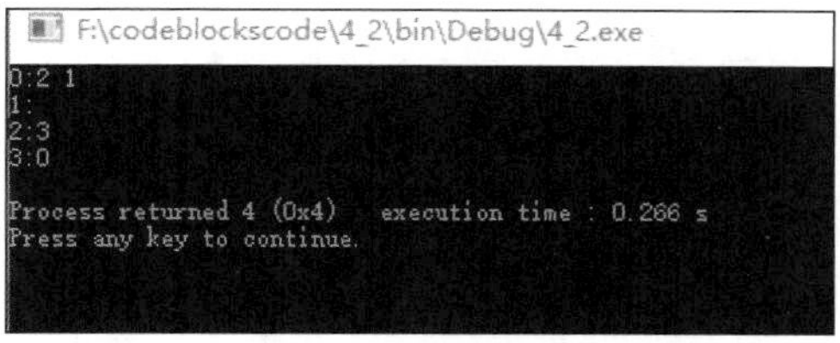

图 4-7　邻接表存储结构的实现与创建算法运行结果

4.4.2 图的基本操作

1. 目的

学习图的邻接矩阵、邻接表存储结构基础上的基本操作，掌握图的深度优先遍历、广度优先遍历算法的设计与实现。

2. 内容

基于图的邻接矩阵、邻接表存储结构，深度优先遍历、广度优先遍历算法的设计与实现。

图的遍历可分为两种方法：深度优先搜索遍历（Depth First Search，DFS）和广度优先搜索遍历（Breadth First Search，BFS）。这里，深度优先搜索和广度优先搜索对无向图和有向图都适用。

3. 算法实现

对应于第 2 部分内容，遍历图的过程如图 4-8 所示。

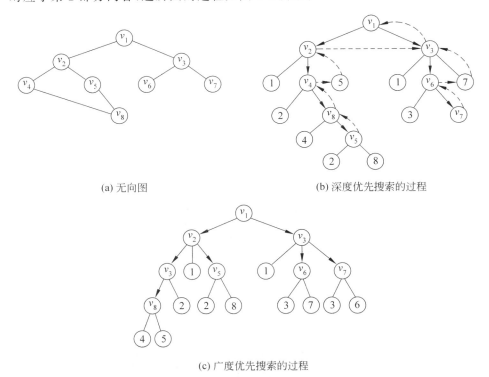

(a) 无向图　　　　　　　　(b) 深度优先搜索的过程

(c) 广度优先搜索的过程

图 4-8　遍历图的过程

图的深度优先搜索、广度优先搜索算法的设计与实现如下。

1）图的深度优先遍历

（1）用邻接矩阵实现图的深度优先遍历。

图的深度优先
邻接矩阵代码

```
#include<stdio.h>
#include<malloc.h>
/* 图的深度优先遍历 */
/* 邻接矩阵存储结构 */
#define NumEdges 8                              //边条数
#define NumVertices 8                           //顶点个数
int visited[NumVertices]={0,0,0,0,0,0,0,0};
        //设置一个全局标志数组 visited[NumVertices]来标志某个顶点是否被访问过
char c[NumVertices]={'1','2','3','4','5','6','7','8'};
typedef char VertexData;                        //顶点数据类型
typedef int EdgeData;                           //权值类型
typedef struct{
    VertexData vexlist[NumVertices];            //顶点表
    EdgeData edge[NumVertices][NumVertices];    //边表即邻接矩阵
    int n,e;                                    //图中当前顶点个数与边数
}MGraph;

//基本操作

/* 创建图的邻接矩阵 */
void CreateMGraph(MGraph * G)
{
    int i,j;
    int a[NumVertices][NumVertices]={{0,1,1,0,0,0,0,0},{1,0,0,1,1,0,0,0},{1,
0,0,0,0,1,1,0},{0,1,0,0,0,0,0,1},{0,1,0,0,0,0,0,1},{0,0,1,0,0,0,0,0},{0,0,1,
0,0,0,0,0},{0,0,0,1,1,0,0,0}};
    G->n=NumVertices;                           //顶点数
    G->e=NumEdges;                              //边数
    for(i=0;i<G->n;i++)                         //建立顶点表
        G->vexlist[i]=c[i];
    for(i=0;i<G->n;i++)                         //邻接矩阵的初始化
        for(j=0;j<G->n;j++)
            G->edge[i][j]=a[i][j];
}

//输出邻接矩阵
void DispMGraph(MGraph * G)
{
    int i,j;
    for(i=0;i<G->n;i++)
        {
```

```
            for(j=0;j<G->n;j++)
                printf("%d ",G->edge[i][j]);
            printf("\n");
        }
    }


//访问函数
void visit(int i)
{
    printf("%c ",c[i]);
}

/*用邻接矩阵实现图的深度优先遍历*/
void DFS(MGraph *G,int i)
{
    int j;
    visit(i);                          //输出访问结点,该部分可为printf("%d",i);
    visited[i]=1;                      //置全局变量标志
    for(j=0;j<G->n;j++)
        if((G->edge[i][j]==1)&&(!visited[j]))
            DFS(G,j);
}

//主函数
void main()
{
    //本题以图4-8(a)为例
    MGraph *G=(MGraph *)malloc(sizeof(MGraph));
    CreateMGraph(G);
    printf("图的邻接矩阵为:\n");
    DispMGraph(G);
    printf("图的深度优先遍历序列为(邻接矩阵存储结构):");
    DFS(G,0);
    printf("\n");

}
```

(2) 用邻接表实现图的深度优先遍历。

```
#include<stdio.h>
#include<malloc.h>
/*图的深度优先遍历*/
/*邻接表存储结构*/
#define NumEdges 8                    //边条数
#define NumVertices 8                 //顶点个数
```

图的深度优先
邻接表代码

```
int visited[NumVertices]={0,0,0,0,0,0,0,0};
                //设置一个全局标志数组 visited[NumVertices]来标志某个顶点是否被访问过
char c[NumVertices]={'1','2','3','4','5','6','7','8'};
typedef char VertexData;                //顶点数据类型
typedef int EdgeData;                   //边上权值类型
typedef struct node{                    //边表中的结点类型
    int adjvex;                         //邻接点下标
    EdgeData cost;                      //边上权值
    struct node * next;                 //指向下一边
}EdgeNode;
typedef struct{                         //顶点表的结点类型
    VertexData vertex;                  //顶点数据信息域
    EdgeNode * firstedge;              //边链表的头结点
}VertexNode;
typedef struct{                         //图的邻接表
    VertexNode vexlist[NumVertices];
    int n,e;                            //图中当前的顶点个数与边数
}AdjGragh;

//基本操作

/* 创建图的邻接表 */
void CreateAdjGragh(AdjGragh * G)
{
    char c[NumVertices]={'1','2','3','4','5','6','7','8'};
    int a[NumEdges]={0,0,2,5,2,1,1,3,7};
    int b[NumEdges]={2,1,6,6,5,4,3,7,4};
    int i,head,tail,weight;
    G->n=NumVertices;                   //顶点个数
    G->e=NumEdges;                      //边数
    for(i=0;i<G->n;i++)
    {
        G->vexlist[i].vertex=c[i];     //顶点信息
        G->vexlist[i].firstedge=NULL;  //边表置为空表
    }
    for(i=0;i<G->e;i++)                 //边
    {
        EdgeNode * p=(EdgeNode *)malloc(sizeof(EdgeNode));
        p->adjvex=b[i];
        p->next=G->vexlist[a[i]].firstedge;
        G->vexlist[a[i]].firstedge=p;
    }
}
```

```
//访问函数
void visit(int i)
{
    printf("%c ",c[i]);
}

/*用邻接表实现图的深度优先遍历*/
void DFS(AdjGragh * G,int i)
{
    EdgeNode * p;
    visit(i);                      //输出访问结点
    visited[i]=1;                  //置全局变量标志
    for(p=G->vexlist[i].firstedge;p!=NULL;p=p->next)
    {
        if(!visited[p->adjvex])
            DFS(G,p->adjvex);
    }
}

//主函数
void main()
{
    //本题以图 4-8(a) 为例
    AdjGragh * G=(AdjGragh * )malloc(sizeof(AdjGragh));
    CreateAdjGragh(G);
    printf("\n");
    printf("\n");
    printf("图的深度优先遍历序列为(邻接表存储结构):");
    DFS(G,0);
    printf("\n");
    printf("\n");
    printf("\n");
}
```

2) 图的广度优先遍历

(1) 用邻接矩阵实现图的广度优先遍历。

```
#include<stdio.h>
#include<malloc.h>
/*图的广度优先遍历*/
/*邻接矩阵存储结构*/
#define NumEdges 8                    //边条数
#define NumVertices 8                 //顶点个数
int visited[NumVertices]={0,0,0,0,0,0,0,0};
        //设置一个全局标志数组 visited[NumVertices]来标志某个顶点是否被访问过
```

图的广度优先
邻接矩阵代码

```
char c[NumVertices]={'1','2','3','4','5','6','7','8'};
typedef char VertexData;                          //顶点数据类型
typedef int EdgeData;                             //权值类型
typedef struct{
    VertexData vexlist[NumVertices];              //顶点表
    EdgeData edge[NumVertices][NumVertices];      //边表即邻接矩阵
    int n,e;                                      //图中当前顶点个数与边数
}MGraph;

//基本操作

/* 创建图的邻接矩阵 */
void CreateMGraph(MGraph * G)
{
    int i,j;
    int a[NumVertices][NumVertices]={{0,1,1,0,0,0,0,0},{1,0,0,1,1,0,0,0},{1,
0,0,0,0,1,1,0},{0,1,0,0,0,0,0,1},{0,1,0,0,0,0,0,1},{0,0,1,0,0,0,0,0},{0,0,1,
0,0,0,0,0},{0,0,0,1,1,0,0,0}};
    G->n=NumVertices;                             //顶点数
    G->e=NumEdges;                                //边数
    for(i=0;i<G->n;i++)                           //建立顶点表
        G->vexlist[i]=c[i];
    for(i=0;i<G->n;i++)                           //邻接矩阵的初始化
        for(j=0;j<G->n;j++)
            G->edge[i][j]=a[i][j];
}

//输出邻接矩阵
void DispMGraph(MGraph * G)
{
    int i,j;
    for(i=0;i<G->n;i++)
        {
            for(j=0;j<G->n;j++)
                printf("%d ",G->edge[i][j]);
            printf("\n");
        }
}

//访问函数
void visit(int i)
{
    printf("%c ",c[i]);
}
```

```
//广度优先遍历
void BFS(MGraph * G,int i)
{
    int Q[G->n+1];                          //暂存队列
    int f,r,j;                              //f、r分别标记队头和队尾
    f=r=0;
    visit(i);
    visited[i]=1;
    r++;
    Q[r]=i;                                 //入队列
    while(f<r)
    {
        f++;
        i=Q[f];
        for(j=1;j<=G->n;j++)
        {
            if((G->edge[i][j]==1)&&(!visited[j]))
            {
                visit(j);
                visited[j]=1;
                r++;
                Q[r]=j;
            }
        }
    }
}

//主函数
void main()
{
    //本题以图4-8(a)为例
    MGraph * G=(MGraph *)malloc(sizeof(MGraph));
    CreateMGraph(G);
    printf("图的邻接矩阵为:\n");
    DispMGraph(G);
    printf("图的广度优先遍历序列为(邻接矩阵存储结构):");
    BFS(G,0);
    printf("\n");
}
```

(2)用邻接表实现图的广度优先遍历。

```
#include<stdio.h>
#include<malloc.h>
```

图的广度优先
邻接表代码

```
/* 图的广度优先遍历 */
/* 邻接表存储结构 */
#define NumEdges 8                                          //边条数
#define NumVertices 8                                       //顶点个数
int visited[NumVertices]={0,0,0,0,0,0,0,0};
                //设置一个全局标志数组 visited[NumVertices]来标志某个顶点是否被访问过
char c[NumVertices]={'1','2','3','4','5','6','7','8'};
typedef char VertexData;                                    //顶点数据类型
typedef int EdgeData;                                       //边上权值类型
typedef struct node{                                        //边表中的结点类型
    int adjvex;                                             //邻接点下标
    EdgeData cost;                                          //边上权值
    struct node * next;                                     //指向下一边
}EdgeNode;
typedef struct{                                             //顶点表的结点类型
    VertexData vertex;                                      //顶点数据信息域
    EdgeNode * firstedge;                                   //边链表的头结点
}VertexNode;
typedef struct{                                             //图的邻接表
    VertexNode vexlist[NumVertices];
    int n,e;                                                //图中当前的顶点个数与边数
}AdjGragh;

//基本操作

/* 创建图的邻接表 */
void CreateAdjGragh(AdjGragh * G)
{
    char c[NumVertices]={'1','2','3','4','5','6','7','8'};
    int a[NumEdges]={0,0,2,5,2,1,1,3,7};
    int b[NumEdges]={2,1,6,6,5,4,3,7,4};
    int i,head,tail,weight;
    G->n=NumVertices;                                       //顶点个数
    G->e=NumEdges;                                          //边数
    for(i=0;i<G->n;i++)
    {
        G->vexlist[i].vertex=c[i];                          //顶点信息
        G->vexlist[i].firstedge=NULL;                       //边表置为空表
    }
    for(i=0;i<G->e;i++)                                     //边
    {
        EdgeNode * p=(EdgeNode *)malloc(sizeof(EdgeNode));
        p->adjvex=b[i];
        p->next=G->vexlist[a[i]].firstedge;
```

```
                        G->vexlist[a[i]].firstedge=p;
        }
    }

    //访问函数
    void visit(int i)
    {
        printf("%c ",c[i]);
    }

    /*用邻接表实现图的广度优先遍历*/
    void BFS(AdjGragh * G,int i)
    {
        EdgeNode * p;
        int q[100];                              //定义队列并初始化
        int f=0;                                 //队列头
        int r=0;                                 //队列尾
        int w;
        visit(i);                                //输出被访问结点
        visited[i]=1;                            //标记访问结点
        r=(r+1)%100;
        q[r]=i;                                  //入队
        while(f!=r)                              //若队列非空
        {
            f=(f+1)%100;
            w=q[f];                              //出队列
            p=G->vexlist[w].firstedge;           //找第一个相邻点
            while(p!=NULL)
            {
                if(visited[p->adjvex]==0)        //若未被访问
                {
                    visit(p->adjvex);            //访问相邻结点
                    visited[p->adjvex]=1;        //标记访问过的顶点
                    r=(r+1)%100;                 //入队
                    q[r]=p->adjvex;
                }
                p=p->next;                       //找下一个相邻结点
            }
        }
        printf("\n");
    }

    //主函数
    void main()
    {
        //本题以图 4-8(a)为例
```

```
AdjGragh * G=(AdjGragh *)malloc(sizeof(AdjGragh));
CreateAdjGragh(G);
printf("图的广度优先遍历序列为(邻接表存储结构):");
BFS(G,0);
printf("\n");
}
```

4. 运行结果

1）图的深度优先遍历运行结果

（1）用邻接矩阵实现图的深度优先遍历运行结果如图 4-9 所示。

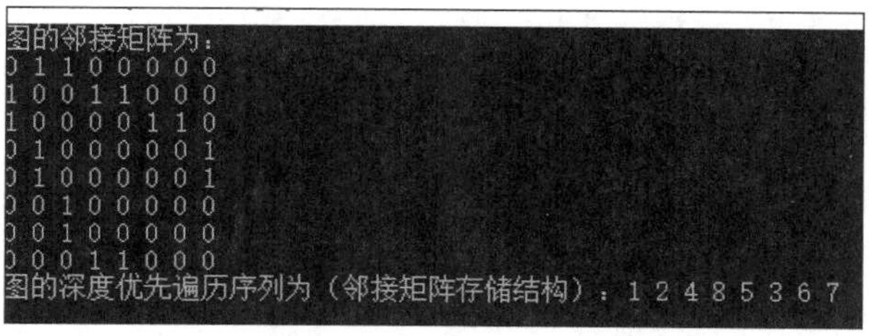

图 4-9　用邻接矩阵实现图的深度优先遍历运行结果

（2）用邻接表实现图的深度优先遍历运行结果如图 4-10 所示。

图 4-10　用邻接表实现图的深度优先遍历运行结果

2）图的广度优先遍历运行结果

（1）用邻接矩阵实现图的广度优先遍历运行结果如图 4-11 所示。

图 4-11　用邻接矩阵实现图的广度优先遍历运行结果

（2）用邻接表实现图的广度优先遍历运行结果如图 4-12 所示。

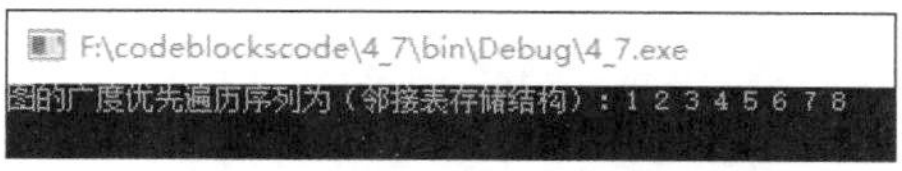

图 4-12　用邻接表实现图的广度优先遍历运行结果

4.5 设计性实验

为了更好地阐述本部分,以下将分为典型算法和其他设计性实验题目进行介绍。其中,典型算法包括普里姆算法、克鲁斯卡尔算法、单源最短路径算法以及拓扑排序算法,并掌握普里姆算法、克鲁斯卡尔算法、单源最短路径算法以及拓扑排序算法等的设计与实现。

4.5.1 典型算法

1. 目的

学习基于图的典型算法,包括普里姆算法、克鲁斯卡尔算法、单源最短路径算法以及拓扑排序算法,并掌握普里姆算法、克鲁斯卡尔算法、单源最短路径算法以及拓扑排序算法的设计与实现。本部分可与理论教材和代码注释相结合辅助理解。

2. 内容

基于图的普里姆算法、克鲁斯卡尔算法、单源最短路径算法以及拓扑排序算法的设计与实现。

这里,图的普里姆算法、克鲁斯卡尔算法、单源最短路径算法以及拓扑排序算法的算法描述部分请参看所用教材,本部分不再赘述。

3. 算法实现

普里姆算法构造最小生成树的过程、克鲁斯卡尔算法构造最小生成树的过程、单源最短路径生成过程以及拓扑排序示例分别如图 4-13～图 4-16 所示。

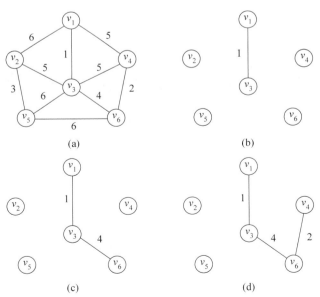

图 4-13　普里姆算法构造最小生成树的过程

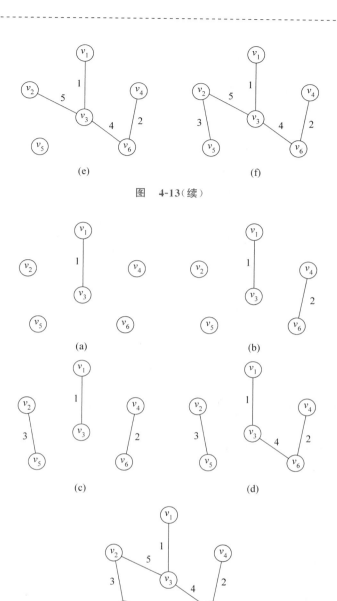

图 4-13（续）

图 4-14 克鲁斯卡尔算法构造最小生成树的过程

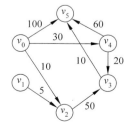

始点	终点	类型	说明
v_0	v_1	无	
	v_2	(v_0, v_2)	10
	v_3	(v_0, v_4, v_3)	50
	v_4	(v_0, v_4)	30
	v_5	(v_0, v_4, v_3, v_5)	60

图 4-15 单源最短路径生成过程

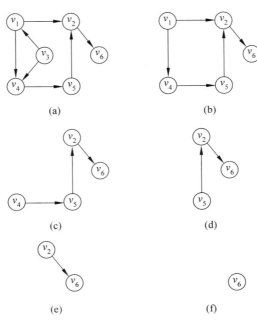

图 4-16　拓扑排序示例

　　图的普里姆算法、克鲁斯卡尔算法、单源最短路径算法以及拓扑排序算法的设计与实现如下。

　　1）生成树的普里姆算法和克鲁斯卡尔算法

　　（1）普里姆算法。

普里姆算法代码

```c
/*普里姆算法*/
#include <stdio.h>
#include <malloc.h>

/*邻接矩阵存储结构*/
#define NumEdges 10                                //边条数
#define NumVertices 6                              //顶点个数
#define INFINITY 100                               //定义无穷大
typedef char VertexData;                           //顶点数据类型
typedef int EdgeData;                              //权值类型
typedef struct{
    VertexData vexlist[NumVertices];               //顶点表
    EdgeData edge[NumVertices][NumVertices];       //边表即邻接矩阵
    int n,e;                                       //图中当前顶点个数与边数
}MGraph;
char c[NumVertices]={'1','2','3','4','5','6'};

//基本操作
```

```
/* 创建图的邻接矩阵 */
void CreateMGraph(MGraph * G)
{
    int i,j;

    int a[NumVertices][NumVertices]={{INFINITY,6,1,5,INFINITY,INFINITY},{6,
INFINITY,5,INFINITY,3,INFINITY},{1,5,INFINITY,5,6,4},{5,INFINITY,5,
INFINITY,INFINITY,2},{INFINITY,3,6,INFINITY,INFINITY,6},{INFINITY,INFINITY,
4,2,6,INFINITY}};
    G->n=NumVertices;                        //顶点数
    G->e=NumEdges;                           //边数
    for(i=0;i<G->n;i++)                      //建立顶点表
        G->vexlist[i]=c[i];
    for(i=0;i<G->n;i++)                      //邻接矩阵的初始化
        for(j=0;j<G->n;j++)
            G->edge[i][j]=a[i][j];
}


//输出邻接矩阵
void DispMGraph(MGraph * G)
{
    int i,j;
    for(i=0;i<G->n;i++)                      //邻接矩阵的输出
        {
            for(j=0;j<G->n;j++)
                printf("%d ",G->edge[i][j]);
            printf("\n");
        }
}


/* 普里姆算法 */
void Prim(MGraph * G)
{
    int min,i,j,k;
    int lowcost[NumVertices];                //保存相关顶点间边的权值
    int adjvex[NumVertices];                 //保存相关顶点下标
    adjvex[0]=0;
    lowcost[0]=0;
    for(i=1;i<G->n;i++)                       //置初值
    {
        lowcost[i]=G->edge[0][i];
        adjvex[i]=0;
    }
```

```
        for(i=1;i<G->n;i++)                              //找 n-1 个顶点
        {
            min=INFINITY;
            k=0;
            for(j=1;j<G->n;j++)                          //在 V-U 中找出离 U 最近顶点
                if(lowcost[j]!=0&&lowcost[j]<min)
                {
                    min=lowcost[j];
                    k=j;
                }
            printf("(%c,%c)weight:%d\n",c[adjvex[k]],c[k],min);
            lowcost[k]=0;
            for(j=1;j<G->n;j++)                          //更新数组
                if(lowcost[j]!=0&&G->edge[k][j]<lowcost[j])
                {
                    lowcost[j]=G->edge[k][j];
                    adjvex[j]=k;
                }
        }
}


//主函数
void main()
{
    //本题以图 4-13 中普里姆算法构造最小生成树过程的示意图为例
    MGraph * G=(MGraph *)malloc(sizeof(MGraph));
    CreateMGraph(G);
    DispMGraph(G);
    printf("生成树的普里姆算法:\n");
    Prim(G);
}
```

（2）克鲁斯卡尔算法。

```
/* 克鲁斯卡尔算法 */
#include<stdio.h>
#include<malloc.h>
/* 克鲁斯卡尔算法 */
/* 邻接矩阵存储结构 */
#define NumEdges 10                              //边条数
#define NumVertices 6                            //顶点个数
#define INFINITY 100                             //定义无穷大

#define MaxSize 100
typedef char VertexData;                         //顶点数据类型
```

克鲁斯卡尔
算法代码

```
typedef int EdgeData;                                    //权值类型
typedef struct{
    VertexData vexlist[NumVertices];                     //顶点表
    EdgeData edge[NumVertices][NumVertices];             //边表,即邻接矩阵
    int n,e;                                             //图中当前顶点个数与边数
}MGraph;
typedef struct
{
    int x;                                               //起始顶点
    int y;                                               //终止顶点
    int w;                                               //权值
}Edge;
char c[NumVertices]={'1','2','3','4','5','6'};

//基本操作

/* 创建图的邻接矩阵 */
void CreateMGraph(MGraph * G)
{
    int i,j;

    int a[NumVertices][NumVertices]={{INFINITY,6,1,5,INFINITY,INFINITY},{6,
INFINITY,5,INFINITY,3,INFINITY},{1,5,INFINITY,5,6,4},{5,INFINITY,5,
INFINITY,INFINITY,2},{INFINITY,3,6,INFINITY,INFINITY,6},{INFINITY,INFINITY,
4,2,6,INFINITY}};
    G->n=NumVertices;                                    //顶点数
    G->e=NumEdges;                                       //边数
    for(i=0;i<G->n;i++)                                  //建立顶点表
        G->vexlist[i]=c[i];
    for(i=0;i<G->n;i++)                                  //邻接矩阵的初始化
        for(j=0;j<G->n;j++)
            G->edge[i][j]=a[i][j];
}
void DispMGraph(MGraph * G)                              //输出邻接矩阵
{
    int i,j;
    for(i=0;i<G->n;i++)
        {
            for(j=0;j<G->n;j++)
                printf("%d ",G->edge[i][j]);
            printf("\n");
        }
}
```

```
//排序
void Sort(Edge E[],int n)
{
    int p,q;
    Edge t;
    for(p=1;p<n;p++)
    {
        t=E[p];
        q=p-1;
        while(q>=0&&t.w<E[q].w)
        {
            E[q+1]=E[q];
            q--;
        }
        E[q+1]=t;
    }
}


/*克鲁斯卡尔算法*/
void Kruskal(MGraph *G)
{
    int i,j,u,v,s,t,k;
    int parent[MaxSize];
    Edge E[MaxSize];                        //存放边
    k=0;
    for(i=0;i<G->n;i++)                     //边集
        for(j=0;j<=i;j++)
        {
            if(G->edge[i][j]!=0&&G->edge[i][j]!=INFINITY)
            {
                E[k].x=i;
                E[k].y=j;
                E[k].w=G->edge[i][j];
                k++;
            }
        }
    Sort(E,G->e);            //该部分为根据权值的排序,此部分可选择适当排序方法完成
    for(i=0;i<G->n;i++)
        parent[i]=i;
    k=1;
    j=0;
    while(k<G->n)                           //判断条件
    {
        u=E[j].x;
```

```
        v=E[j].y;                          //取一条边的头尾结点
        s=parent[u];                       //获取编号
        t=parent[v];                       //获取编号
        if(s!=t)                           //两个顶点不属于同一集合
        {
            printf("(%c,%c):%d\n",c[u],c[v],E[j].w);
            k++;
            for(i=0;i<G->n;i++)
                if(parent[i]==t)
                    parent[i]=s;
        }
        j++;
    }
}


//主函数
void main()
{
    //本题以图 4-14 中克鲁斯卡尔算法构造最小生成树过程的示意图为例
    MGraph * G=(MGraph * )malloc(sizeof(MGraph));
    CreateMGraph(G);
    DispMGraph(G);
    printf("生成树的克鲁斯卡尔算法:\n");
    Kruskal(G);
}
```

2）单源最短路径算法

```
#include <stdio.h>
#include <malloc.h>
/* 邻接矩阵存储结构 */
#define NumEdges 8                         //边条数
#define NumVertices 6                      //顶点个数
#define INF 1000                           //定义无穷大

#define MaxSize 100
typedef char VertexData;                   //顶点数据类型
typedef int EdgeData;                      //权值类型
typedef struct{
    VertexData vexlist[NumVertices];       //顶点表
    EdgeData edge[NumVertices][NumVertices]; //边表，即邻接矩阵
    int n,e;                               //图中当前顶点个数与边数
}MGraph;
typedef struct
{
```

单源最短路
径算法代码

```
        int x;                                          //起始顶点
        int y;                                          //终止顶点
        int w;                                          //权值
    }Edge;
    char c[NumVertices]={'1','2','3','4','5','6'};

    //基本操作

    /* 创建图的邻接矩阵 */
    void CreateMGraph(MGraph * G)
    {
        int i,j;

        int a[NumVertices][NumVertices]={{INF,INF,10,INF,30,100},{INF,INF,5,INF,
    INF,INF},{INF,INF,INF,50,INF,INF},{INF,INF,INF,INF,INF,10},{INF,INF,INF,20,
    INF,60},{INF,INF,INF,INF,INF,INF}};
        G->n=NumVertices;                               //顶点数
        G->e=NumEdges;                                  //边数
        for(i=0;i<G->n;i++)                             //建立顶点表
            G->vexlist[i]=c[i];
        for(i=0;i<G->n;i++)                             //邻接矩阵的初始化
            for(j=0;j<G->n;j++)
                G->edge[i][j]=a[i][j];
    }

    //输出邻接矩阵
    void DispMGraph(MGraph * G)
    {
        int i,j;
        for(i=0;i<G->n;i++)                             //邻接矩阵的输出
            {
                for(j=0;j<G->n;j++)
                    printf("%d ",G->edge[i][j]);
                printf("\n");
            }
    }

    //求单源最短路径
    void DIJ(MGraph * G,int v)
    {
        int d[NumVertices];
        int path[NumVertices];
        int s[NumVertices];
        int ipath[NumVertices];                         //存放最短路径及其顶点个数
```

```
int m,p,q,u,i,j,k,t;
for(p=0;p<G->n;p++)
{
    d[p]=G->edge[v][p];                      //距离初值
    s[p]=0;                                  //置空
    if(G->edge[v][p]<INF)                    //路径初值
        path[p]=v;                           //有边时,置其前一个顶点为 v
    else
        path[p]=-1;                          //无边时,置其前一个顶点为-1
}
s[v]=1;
path[v]=0;
for(p=0;p<G->n-1;p++)                         //直到所有顶点的最短路径均求出
{
    m=INF;
    for(q=0;q<G->n;q++)          //选取不在 s 中,并且具有最小最短路径长度的顶点
        if(s[q]==0&&d[q]<m)
        {
            u=q;
            m=d[q];
        }
    s[u]=1;                                   //加入 s 中
    for(q=0;q<G->n;q++)                       //修改不在 s 中的顶点的最短路径
        if(s[q]==0)
            if(G->edge[u][q]<INF&&d[u]+G->edge[u][q]<d[q])
            {
                d[q]=d[u]+G->edge[u][q];
                path[q]=u;
            }
}

for(i=0;i<G->n;i++)                           //循环输出路径
{
    if(s[i]==1&&i!=v)
    {
        printf("从%d到%d的路径为:",v,i);
        t=0;
        ipath[t]=i;                           //添加终点
        k=path[i];
        if(k==-1)                             //没有路径
            printf("无\n");
        else                                  //输出该路径
        {
            while(k!=v)
```

```
                    {
                        t++;
                        ipath[t]=k;
                        k=path[k];
                    }
                    t++;
                    ipath[t]=v;
                    printf("%d",ipath[t]);          //起点
                    for(j=t-1;j>=0;j--)             //其他点
                        printf(",%d",ipath[j]);
                    printf("\n");
                }
            }
        }
}

//主函数
void main()
{
    //本题以图 4-15 中单源最短路径生成过程的示意图为例
    MGraph * G=(MGraph *)malloc(sizeof(MGraph));
    int * p;
    int D[NumVertices][NumVertices];
    CreateMGraph(G);
    DispMGraph(G);
    printf("Dijkstra算法求单源最短路径:\n");
    DIJ(G,0);
}
```

3）拓扑排序

拓扑排序代码

```
#include<stdio.h>
#include<malloc.h>
/* 邻接表存储结构 */
#define NumEdges 7                          //边条数
#define NumVertices 6                       //顶点个数
typedef char VertexData;                    //顶点数据类型
typedef int EdgeData;                       //边上权值类型
typedef struct node{                        //边表中的结点类型
    int adjvex;                             //邻接点下标
    EdgeData cost;                          //边上权值
    struct node * next;                     //指向下一边
}EdgeNode;
typedef struct{                             //顶点表的结点类型
    int inDegree;
```

```
    VertexData vertex;                              //顶点数据信息域
    EdgeNode * firstedge;                           //边链表的头结点
}VertexNode,AdjList[NumVertices];
typedef struct{                                     //图的邻接表
    AdjList vexlist;
    int n,e;                                        //图中当前的顶点个数与边数
}AdjGragh, * GraphAdjList;

//基本操作

/ * 创建图的邻接表 * /
void CreateAdjGragh(AdjGragh * G)
{
    char c[NumVertices]={'1','2','3','4','5','6'};
    int a[NumEdges]={0,0,1,2,2,3,4};
    int b[NumEdges]={3,1,5,3,0,4,1};
    int inD[6]={0,2,0,2,1,1};
    int i,head,tail,weight;
    G->n=NumVertices;                               //顶点个数
    G->e=NumEdges;                                  //边数
    for(i=0;i<G->n;i++)
    {
        G->vexlist[i].inDegree=inD[i];
    }
    for(i=0;i<G->n;i++)
    {
        G->vexlist[i].vertex=c[i];                  //顶点信息
        G->vexlist[i].firstedge=NULL;               //边表置为空表
    }
    for(i=0;i<G->e;i++)                             //边
    {
        EdgeNode * p=(EdgeNode * )malloc(sizeof(EdgeNode));
        p->adjvex=b[i];
        p->next=G->vexlist[a[i]].firstedge;
        G->vexlist[a[i]].firstedge=p;
    }
}

//输出邻接表
void DispAdjGragh(AdjGragh * G)
{
    int i,j;
    EdgeNode * p=(EdgeNode * )malloc(sizeof(EdgeNode));
    for(i=0;i<G->n;i++)
```

```
        {
            printf("%d:",i);
            p=G->vexlist[i].firstedge;
            while(p!=NULL)
            {
                printf("%d ",p->adjvex);
                p=p->next;
            }
            printf("\n");
        }
    }

//拓扑排序,需要使用辅助栈结构,用于存储入度为 0 的结点
void TopSort(AdjGragh * G)
{
    EdgeNode * e;
    int t=0;
    int c=0;
    int * s=(int *)malloc(G->n * sizeof(int));;    //用于保存入度为 0 的结点
    int i,k,top;
    for(i=0;i<G->n;i++)                            //遍历寻找入度为 0 的结点
    {
        if(G->vexlist[i].inDegree==0)
            s[++t]=i;
    }
    while(t!=0)                                    //栈不为空
    {
        top=s[t];
        t--;
        printf("%c ",G->vexlist[top].vertex);
        c++;
        for(e=G->vexlist[top].firstedge;e;e=e->next)
        {
            k=e->adjvex;
            if((--G->vexlist[k].inDegree)==0)     //入度减一,若为 0,则入栈
            {
                t=t+1;
                s[t]=k;
            }
        }
    }
}

//主函数
void main()
{
```

```
//本题以图 4-16 拓扑排序示例为例
AdjGragh * G=(AdjGragh *)malloc(sizeof(AdjGragh));
CreateAdjGragh(G);
DispAdjGragh(G);
printf("拓扑排序序列为:");
TopSort(G);
}
```

4. 运行结果

1）生成树的普里姆算法和克鲁斯卡尔算法运行结果

（1）普里姆算法运行结果如图 4-17 所示。

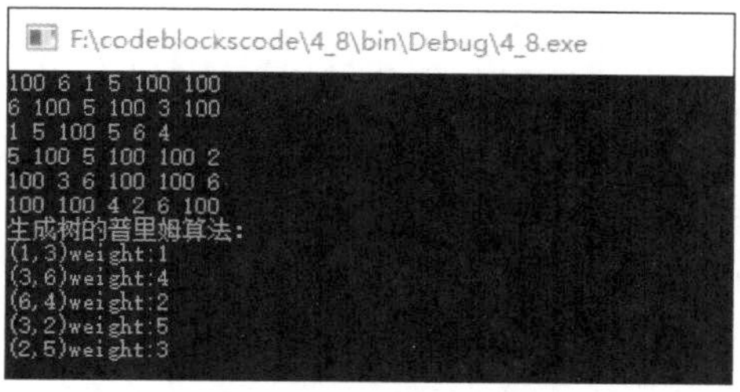

图 4-17　普里姆算法运行结果

（2）克鲁斯卡尔算法运行结果如图 4-18 所示。

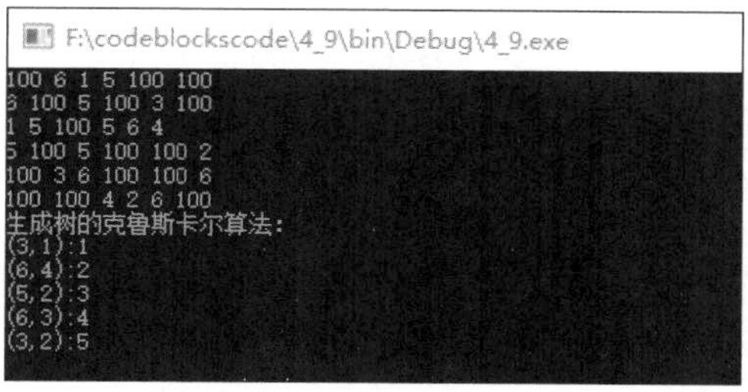

图 4-18　克鲁斯卡尔算法运行结果

2）单源最短路径算法运行结果

单源最短路径算法运行结果如图 4-19 所示。

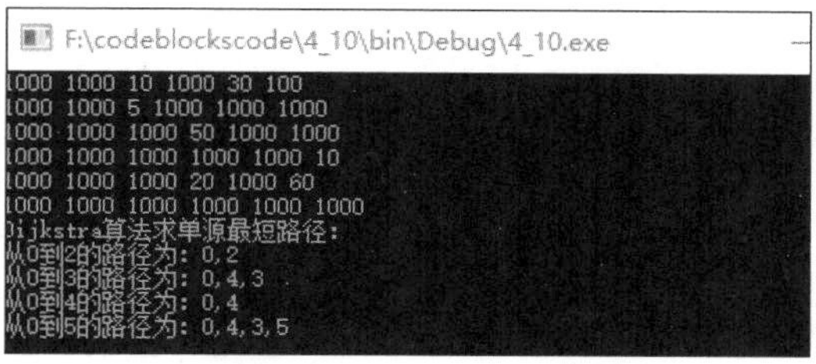

图 4-19　单源最短路径算法运行结果

3）拓扑排序运行结果

拓扑排序运行结果如图 4-20 所示。

图 4-20　拓扑排序运行结果

4.5.2　其他设计性实验题目

本部分可作为数据结构实验的实验课内容、课后练习题、数据结构理论课或实验课作业等使用。可将这部分作为设计性实验部分使用，并布置在相应的在线实验平台上，配合在线平台使用。其中，部分题目结合各类程序设计竞赛或考研真题所考查知识点设置。

【项目 4-1】（本题目结合考研真题考查知识点设置）对于含有 n 个顶点的有向图，编写算法由其邻接表转换为相应的逆邻接表。

（1）题目分析。

由有向图的邻接表建立其逆邻接表，首先建立逆邻接表的顶点向量，遍历搜索原邻接表将逆邻接表填写完整，本题代码部分的测试数据为图 4-1 示意图的对应邻接表。

（2）题目主算法。

题目主算法

```
#include <stdio.h>
#include <malloc.h>
/*邻接表的存储结构*/
#define NumEdges 4                        //边条数
#define NumVertices 4                     //顶点个数
typedef char VertexData;                  //顶点数据类型
typedef int EdgeData;                     //边上权值类型
typedef struct node{                      //边表中的结点类型
    int adjvex;                           //邻接点下标
    EdgeData cost;                        //边上权值
    struct node * next;                   //指向下一边
}EdgeNode;
typedef struct{                           //顶点表的结点类型
    VertexData vertex;                    //顶点数据信息域
    EdgeNode * firstedge;                 //边链表的头结点
}VertexNode;
typedef struct{                           //图的邻接表
    VertexNode vexlist[NumVertices];
    int n,e;                              //图中当前的顶点个数与边数
}AdjGragh;
/*创建图的邻接表*/
```

```
void CreateAdjGragh(AdjGragh * G)
{
    char c[NumVertices]={'1','2','3','4'};
    int a[NumEdges]={0,0,2,3};
    int b[NumEdges]={1,2,3,0};
    int i,head,tail,weight;
    G->n=NumVertices;                      //顶点个数
    G->e=NumEdges;                         //边数
    for(i=0;i<G->n;i++)
    {
        G->vexlist[i].vertex=c[i];         //顶点信息
        G->vexlist[i].firstedge=NULL;      //边表置为空表
    }
    for(i=0;i<G->e;i++)                    //边
    {
        EdgeNode * p=(EdgeNode *)malloc(sizeof(EdgeNode));
        p->adjvex=b[i];
        p->next=G->vexlist[a[i]].firstedge;
        G->vexlist[a[i]].firstedge=p;
    }
}
void DispAdjGragh(AdjGragh * G)            //输出邻接表
{
    int i,j;
    EdgeNode * p=(EdgeNode *)malloc(sizeof(EdgeNode));
    for(i=0;i<G->n;i++)
    {
        printf("%d:",i);
        p=G->vexlist[i].firstedge;
        while(p!=NULL)
        {
            printf("%d ",p->adjvex);
            p=p->next;
        }
        printf("\n");
    }
}
void invert(AdjGragh * G,AdjGragh * H)     //转换
{
    int i,j;
    EdgeNode * s;
    EdgeNode * p=(EdgeNode *)malloc(sizeof(EdgeNode));
    for(i=0;i<G->n;i++)                    //设有 n 个顶点,建立逆邻接表的顶点表
    {
```

```
            H->vexlist[i].vertex=G->vexlist[i].vertex;
            H->vexlist[i].firstedge=NULL;
        }
        for(i=0;i<G->n;i++)                        //根据邻接表将其转换为逆邻接表
        {
            p=G->vexlist[i].firstedge;             //遍历搜索邻接表
            while(p!=NULL)
            {
                j=p->adjvex;
                s=(EdgeNode *)malloc(sizeof(EdgeNode));
                s->adjvex=i;
                s->next=H->vexlist[j].firstedge;
                H->vexlist[j].firstedge=s;
                p=p->next;
            }
        }
    }
    void main()
    {
        //本题以图 4-1 中 G₁ 为例
        AdjGragh * G=(AdjGragh *)malloc(sizeof(AdjGragh));
        AdjGragh * H=(AdjGragh *)malloc(sizeof(AdjGragh));
        CreateAdjGragh(G);
        printf("图 4-1 中 G1 的邻接表为:\n");
        DispAdjGragh(G);
        invert(G,H);
        printf("图 4-1 中 G1 的逆邻接表为:\n");
        DispAdjGragh(H);
    }
```

(3) 项目 4-1 运行结果如图 4-21 所示。

图 4-21　项目 4-1 运行结果

【项目 4-2】 (本题目结合考研真题考查知识点设置)编写算法判断给定的有向图中是否存在有向环。

（1）题目分析。

可利用拓扑排序算法的思想，建立栈结构，将入度为 0 的结点入栈，当某个结点出栈时，将与其关联的结点的入度减一，更新栈中结点，将入度为 0 的结点压入栈中，以此类推，直至栈中为空，同时设置计数器记录曾进栈的结点个数，若此时曾进栈的结点个数小于总结点数 n，则说明该有向图有环存在，否则无环。

（2）题目主算法。

题目主算法

```c
#include <stdio.h>
#include <malloc.h>
/* 邻接表的存储结构 */
#define NumEdges 7                          //边条数
#define NumVertices 6                       //顶点个数
typedef char VertexData;                    //顶点数据类型
typedef int EdgeData;                       //边上权值类型
typedef struct node{                        //边表中的结点类型
    int adjvex;                             //邻接点下标
    EdgeData cost;                          //边上权值
    struct node * next;                     //指向下一边
}EdgeNode;
typedef struct{                             //顶点表的结点类型
    int inDegree;
    VertexData vertex;                      //顶点数据信息域
    EdgeNode * firstedge;                   //边链表的头结点
}VertexNode,AdjList[NumVertices];
typedef struct{                             //图的邻接表
    AdjList vexlist;
    int n,e;                                //图中当前的顶点个数与边数
}AdjGragh, * GraphAdjList;
/* 创建图的邻接表 */
void CreateAdjGragh(AdjGragh * G)
{
    char c[NumVertices]={'1','2','3','4','5','6'};
    int a[NumEdges]={0,0,1,2,2,3,4};
    int b[NumEdges]={3,1,5,3,0,4,1};
    int inD[6]={0,2,0,2,1,1};
    int i,head,tail,weight;
    G->n=NumVertices;                       //顶点个数
    G->e=NumEdges;                          //边数
    for(i=0;i<G->n;i++)
    {
        G->vexlist[i].inDegree=inD[i];
    }
    for(i=0;i<G->n;i++)
    {
```

```
            G->vexlist[i].vertex=c[i];                          //顶点信息
            G->vexlist[i].firstedge=NULL;                       //边表置为空表
        }
        for(i=0;i<G->e;i++)                                     //边
        {
            EdgeNode * p=(EdgeNode *)malloc(sizeof(EdgeNode));
            p->adjvex=b[i];
            p->next=G->vexlist[a[i]].firstedge;
            G->vexlist[a[i]].firstedge=p;
        }
    }
    void DispAdjGragh(AdjGragh * G)                             //输出邻接表
    {
        int i,j;
        EdgeNode * p=(EdgeNode *)malloc(sizeof(EdgeNode));
        for(i=0;i<G->n;i++)
        {
            printf("%d:",i);
            p=G->vexlist[i].firstedge;
            while(p!=NULL)
            {
                printf("%d ",p->adjvex);
                p=p->next;
            }
            printf("\n");
        }
    }
    //拓扑排序,需要使用辅助栈结构,用于存储入度为 0 的结点
    void TopSort(AdjGragh * G)
    {
        EdgeNode * e;
        int t=0;
        int c=0;
        int * s=(int *)malloc(G->n * sizeof(int));              //用于保存入度为 0 的结点
        int i,k,top;

        for(i=0;i<G->n;i++)                                     //遍历寻找入度为 0 的结点
        {
            if(G->vexlist[i].inDegree==0)
                s[++t]=i;
        }
        while(t!=0)                                             //栈不为空
        {
            top=s[t];
```

```
            t--;
            printf("%c ",G->vexlist[top].vertex);
            c++;
            for(e=G->vexlist[top].firstedge;e;e=e->next)
            {
                k=e->adjvex;
                if((--G->vexlist[k].inDegree)==0)        //入度减 1,若为 0,则入栈
                {
                    t=t+1;
                    s[t]=k;
                }
            }
        }
        printf("\n");
        if(c<G->n)
            printf("有环");
        else
            printf("无环");
    }
    void main()
    {
        //本题以图 4-16 拓扑排序示例为例
        AdjGragh * G=(AdjGragh * )malloc(sizeof(AdjGragh));
        CreateAdjGragh(G);
        DispAdjGragh(G);
        printf("拓扑排序序列为:");
        TopSort(G);
    }
```

(3) 项目 4-2 运行结果如图 4-22 所示。

图 4-22 项目 4-2 运行结果

【项目 4-3】 (本题目结合程序设计竞赛考查知识点设置)次序是离散数学和计算机中的重要概念,本题讨论次序问题,设给定一组变量及其形式 $x<y$,编写程序,把所有约束一致的变量次序输出。例如,现有约束 $x<y$ 且 $x<z$,那么这 3 个变量可构成满足上述两条约束的有序集 x、y、z 或 x、z、y。

(1) 题目分析。

可利用拓扑排序算法的思想,将约束中的每一个字母设为一个结点,如约束 $x<y$,

设为有向边$<x,y>$,以此类推,则所有约束可组成一个有向图。

(2) 题目主算法。

题目主算法

```c
#include<stdio.h>
#include<malloc.h>
/* 邻接表的存储结构 */
#define NumEdges 7                              //边条数
#define NumVertices 6                           //顶点个数
typedef char VertexData;                        //顶点数据类型
typedef int EdgeData;                           //边上权值类型
typedef struct node{                            //边表中的结点类型
    int adjvex;                                 //邻接点下标
    EdgeData cost;                              //边上权值
    struct node * next;                         //指向下一边
}EdgeNode;
typedef struct{                                 //顶点表的结点类型
    int inDegree;
    VertexData vertex;                          //顶点数据信息域
    EdgeNode * firstedge;                       //边链表的头结点
}VertexNode,AdjList[NumVertices];
typedef struct{                                 //图的邻接表
    AdjList vexlist;
    int n,e;                                    //图中当前的顶点个数与边数
}AdjGragh, * GraphAdjList;
/* 创建图的邻接表 */
void CreateAdjGragh(AdjGragh * G)
{
    char c[NumVertices]={'x','y','z','m','n','q'};
    int a[NumEdges]={0,0,1,2,2,3,4};
    int b[NumEdges]={3,1,5,3,0,4,1};
    int inD[6]={0,2,0,2,1,1};
    int i,head,tail,weight;
    G->n=NumVertices;                           //顶点个数
    G->e=NumEdges;                              //边数
    for(i=0;i<G->n;i++)
    {
        G->vexlist[i].inDegree=inD[i];
    }
    for(i=0;i<G->n;i++)
    {
        G->vexlist[i].vertex=c[i];              //顶点信息
        G->vexlist[i].firstedge=NULL;           //边表置为空表
    }
    for(i=0;i<G->e;i++)                         //边
```

```
    {
        EdgeNode * p=(EdgeNode *)malloc(sizeof(EdgeNode));
        p->adjvex=b[i];
        p->next=G->vexlist[a[i]].firstedge;
        G->vexlist[a[i]].firstedge=p;
    }
}
//拓扑排序,需要使用辅助栈结构,用于存储入度为 0 的结点
void TopSort(AdjGragh * G)
{
    EdgeNode * e;
    int t=0;
    int c=0;
    int * s=(int *)malloc(G->n * sizeof(int));        //用于保存入度为 0 的结点
    int i,k,top;
    for(i=0;i<G->n;i++)                                //遍历寻找入度为 0 的结点
    {
        if(G->vexlist[i].inDegree==0)
            s[++t]=i;
    }
    while(t!=0)                                        //栈不为空
    {
        top=s[t];
        t--;
        printf("%c ",G->vexlist[top].vertex);
        c++;
        for(e=G->vexlist[top].firstedge;e;e=e->next)
        {
            k=e->adjvex;
            if((--G->vexlist[k].inDegree)==0)          //入度减 1,若为 0,则入栈
            {
                t=t+1;
                s[t]=k;
            }
        }
    }
}
void main()
{
    //本题以图 4-16 拓扑排序示例为例,对应变量为'x','y','z','m','n','q'
    AdjGragh * G=(AdjGragh *)malloc(sizeof(AdjGragh));
    CreateAdjGragh(G);
    printf("拓扑排序序列为:");
    TopSort(G);
}
```

（3）项目 4-3 运行结果如图 4-23 所示。

图 4-23   项目 4-3 运行结果

4.5.3   习题与指导

【习题 4-1】 （本题目结合考研真题考查知识点设置）以邻接表作为图的存储结构，编写在无向图中求顶点 i 到 $j(i$ 与 j 不相等)之间的最短路径算法。

习题指导：可采用广度优先搜索，广度优先搜索是按照层次进行，首先访问距离起点最近的邻接点，按照层次逐层进行，依次访问。在搜索的过程中判断该点是否为 j，若是，则找到的即为从 i 到 j 的最短路径。

【习题 4-2】 （本题目结合程序设计竞赛考查知识点设置）弗洛伊德算法的时间复杂度为 $O(n^3)$，可用于求解每一对顶点之间的最短路径，它也是一个典型的动态规划算法。股票经纪人在人群中散布消息传言，该消息只在认识的人中传递，已知人与人之间的关系是否相识、传言在人与人之间传递所需的时间，编写程序求从哪个人开始可以在最短的时间内让人群中的所有人都收到该传言消息。

习题指导：题目要求从某一个结点开始使消耗的时间最短。本题目可抽象为在有向图中求最短路径的问题，先求出每个人向其他人传递信息所需的最短时间，再在所有可以向每个人发送消息的人中比较他们所需要的最长时间，找出所用最长时间最小的即为所求，即弗洛伊德算法。

【习题 4-3】 （本题目结合程序设计竞赛考查知识点设置）现在 N 个城市间铺设光缆，因铺设光缆需要较高的费用，并且城市间铺设光缆所需费用不同。请设计算法，编程实现使 N 个城市之间的任意两个城市均可通过直接或间接的方式通信，且所需铺设费用最低。

习题指导：该问题可抽象为求最小生成树的问题，将 N 个城市作为 N 个结点，及 $N(N-1)/2$ 条费用不同的边构成无向连通图，可采用普里姆算法求解最小生成树得到光缆铺设方案。

【习题 4-4】 （本题目结合考研真题考查知识点设置）编写算法，判断以邻接表的方式存储的无向图中是否存在从结点 i 到 $j(i\neq j)$ 的路径。

习题指导：可对该图进行深度优先遍历，即从 i 出发是否可以访问到 j，如果可以访问到 j，则表示存在由顶点 i 到 j 的路径，否则说明不存在。

【习题 4-5】 （本题目结合考研真题考查知识点设置）设计算法，判断一个无环有向图 G 中是否存在"该顶点到其他任意顶点都有一条有向路"。

习题指导：若存在满足上述条件的顶点，因该顶点到其他任一结点均有有向路，且有向图无环，所以该顶点到这些顶点只可构成一棵树，且树上的结点等于图的结点数。若小于(不等于)，则不存在满足上述条件的结点。其具体的实现方法可采用使用辅助队列的广度优先遍历或使用辅助栈的深度优先遍历。

4.6　应用性探究式综合创新型实验

4.6.1　实验项目范例

计算机网络设计问题(高阶算法部分、计算机网络相关系统能力培养融合性题目)。

代码获取　　　　　视频讲解　　　　　课件

1. 问题描述

本题目以计算机网络课程为背景。随着信息技术的发展,计算机网络需要以更快的发展速度实现更广泛的覆盖。网络的发展自然会让人们考虑这样一个问题:假设在 n 个城市之间构建通信网,则连通这 n 个城市需要 $n-1$ 条线路,那么怎样能够做到在最节省通信线路经费的条件下建立这个通信网呢? 编写算法建立连通这 n 个结点需要 $n-1$ 条线路,并尽可能节省通信线路经费。

2. 实验要求

设计计算机网络设计问题的模拟程序。
(1)采用邻接表或邻接矩阵存储结构。
(2)分别采用普里姆算法和克鲁斯卡尔算法实现。

3. 实验思路

不妨将权值设为线路经费,并映射为应用问题下求最小生成树问题,可采用普里姆算法和克鲁斯卡尔算法分别完成。

4. 题目代码

```
#include <stdio.h>
#include <malloc.h>
/* 克鲁斯卡尔算法 */
/* 邻接矩阵存储结构 */
#define NumEdges 10                          //边条数
#define NumVertices 6                        //顶点个数
#define INF 100                              //定义无穷大

#define MaxSize 100
typedef char VertexData;                     //顶点数据类型
```

```
typedef float EdgeData;                                  //权值类型
typedef struct{
    VertexData vexlist[NumVertices];                     //顶点表
    EdgeData edge[NumVertices][NumVertices];             //边表即邻接矩阵
    int n,e;                                             //图中当前顶点个数与边数
}MGraph;
typedef struct
{
    int x;                                               //起始顶点
    int y;                                               //终止顶点
    float w;                                             //权值
}Edge;
char c[NumVertices]={'1','2','3','4','5','6'};
/*创建图的邻接矩阵*/
void CreateMGraph(MGraph * G)
{
    int i,j;
    float a[NumVertices][NumVertices]={{INF,0.6,0.1,0.5,INF,INF},{0.6,INF,
0.5,INF,0.3,INF},{0.1,0.5,INF,0.5,0.6,0.4},{0.5,INF,0.5,INF,INF,0.2},{INF,0.3,
0.6,INF,INF,0.6},{INF,INF,0.4,0.2,0.6,INF}};             //不妨将权值设为线路经费
    G->n=NumVertices;                                    //顶点数
    G->e=NumEdges;                                       //边数
    for(i=0;i<G->n;i++)                                  //建立顶点表
        G->vexlist[i]=c[i];
    for(i=0;i<G->n;i++)                                  //邻接矩阵的初始化
        for(j=0;j<G->n;j++)
            G->edge[i][j]=a[i][j];
}
void DispMGraph(MGraph * G)                               //输出邻接矩阵
{
    int i,j;
    for(i=0;i<G->n;i++)                                  //邻接矩阵的输出
        {
            for(j=0;j<G->n;j++)
                printf("%f ",G->edge[i][j]);
            printf("\n");
        }
}
void Sort(Edge E[],int n)                                 //排序
{
    int p,q;
    Edge t;
    for(p=1;p<n;p++)
        {
```

```
            t=E[p];
            q=p-1;
            while(q>=0&&t.w<E[q].w)
            {
                E[q+1]=E[q];
                q--;
            }
            E[q+1]=t;
        }
}
/*克鲁斯卡尔算法*/
void Kruskal(MGraph *G)
{
    int i,j,u,v,s,t,k;
    int set[MaxSize];
    Edge E[MaxSize];                        //存放边
    k=0;
    for(i=0;i<G->n;i++)
        for(j=0;j<=i;j++)
        {
            if(G->edge[i][j]!=0&&G->edge[i][j]!=INF)
            {
                E[k].x=i;
                E[k].y=j;
                E[k].w=G->edge[i][j];
                k++;
            }
        }
    Sort(E,G->e);              //该部分为根据权值的排序,此部分可选择适当排序方法完成
    for(i=0;i<G->n;i++)
        set[i]=i;
    k=1;
    j=0;
    while(k<G->n)
    {
        u=E[j].x;
        v=E[j].y;                         //取一条边的头尾结点
        s=set[u];
        t=set[v];
        if(s!=t)                          //两个顶点不属于同一集合
        {
            printf("(%c,%c):%f\n",c[u],c[v],E[j].w);
            k++;
            for(i=0;i<G->n;i++)
```

```
                    if(set[i]==t)
                        set[i]=s;
                }
            j++;
        }
    }
/*普里姆算法*/
void Prim(MGraph * G)
{
    int i,j,k;
    float min;
    float lowcost[NumVertices];              //保存相关顶点间边的权值
    int adjvex[NumVertices];                 //保存相关顶点下标
    adjvex[0]=0;
    lowcost[0]=0;
    for(i=1;i<G->n;i++)                       //置初值
    {
        lowcost[i]=G->edge[0][i];
        adjvex[i]=0;
    }

    for(i=1;i<G->n;i++)                       //找 n-1 个顶点
    {
        min=INF;
        k=0;
        for(j=1;j<G->n;j++)                   //在 V-U 中找出离 U 最近顶点
            if(lowcost[j]!=0&&lowcost[j]<min)
            {
                min=lowcost[j];
                k=j;
            }
        printf("(%c,%c):%f\n",c[adjvex[k]],c[k],min);
        lowcost[k]=0;
        for(j=1;j<G->n;j++)                   //更新数组
            if(lowcost[j]!=0&&G->edge[k][j]<lowcost[j])
            {
                lowcost[j]=G->edge[k][j];
                adjvex[j]=k;
            }
    }
}
void main()
{
    MGraph * G=(MGraph *)malloc(sizeof(MGraph));
```

```
                                            //以图4-13(a)为例,但将权值替为小数
    CreateMGraph(G);
    DispMGraph(G);
    printf("生成树的普里姆算法:\n");
    Prim(G);
    printf("生成树的克鲁斯卡尔算法:\n");
    Kruskal(G);
}
```

5. 运行结果

计算机网络设计问题运行结果如图 4-24 所示。

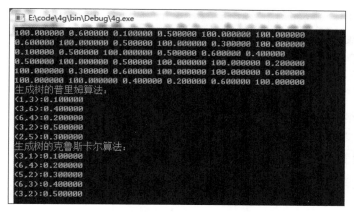

图 4-24 计算机网络设计问题运行结果

4.6.2 实验项目与指导

实验项目 1：校园导游咨询。

1. 问题描述

设计有 N 个校园景点的平面图,为来访客人提供时间最省的优质服务。

2. 实验要求

设计校园导游咨询的模拟程序。
(1) 采用邻接表或邻接矩阵存储结构。
(2) 可以查询任意两个景点间的最短路径。
(3) 尝试求解遍历全部景点时间最省的程序(选做)。

3. 实验思路

本实验的思路为:首先建立图的存储结构,然后采用迪杰斯特拉算法找出最短路径,

弗洛伊德算法求任意一对顶点间的最短路径。其中,FDijkstra(Graph G)为查询两个景点间最短路径函数,print_path(Graph G,int b_v,int f_v)为输出最短路径函数。

实验项目2:学期授课计划编制。

1. 问题描述

大学每个学期的课程授课有学分及授课门数上限的规定。课程之间有先行课的限制。设计编制学期授课计划,使得总的教学时长为最短的拓扑集合划分程序。

2. 实验要求

设计大学四年制授课计划编制的模拟程序。
(1)采用邻接表或邻接矩阵存储结构。
(2)使用栈或队列等作为拓扑排序的辅助数据结构。
(3)可以尝试采用深度优先遍历求解问题。

3. 实验思路

教学计划的定制需要遵循一定的约束。学习某门课程之前需要先修一些课。如数据结构课程需要学习完"C语言程序设计"和"离散数学"以后才能学习,"离散数学"和"C语言程序设计"之前不需要先修任何课程。这样,就需要借助于拓扑排序算法求解该问题。

实验项目3:图遍历生成树演示。

1. 问题描述

通过对连通图和非连通图的遍历,访问图中全部结点。

2. 实验要求

设计图遍历生成树演示程序。
(1)采用邻接表和邻接矩阵等存储结构。
(2)分别采用深度优先遍历和广度优先遍历实现。
(3)尝试插入或删除一条边或一个结点的访问操作。

3. 实验思路

本项目可参考4.4.2节图的深度优先遍历、广度优先遍历算法部分。但需要增加的是,若图是非连通图,则从图中某一顶点出发,不能用深度或广度优先搜索算法访问到图中所有顶点,而是只能访问到一个连通子图。可在每一个连通分量中选一个顶点开始深度优先搜索遍历或广度优先搜索遍历,最后,将每个连通分量的结果合起来,则可得到整个非连通图的遍历结果。

实验项目 4：光纤管道铺设施工问题。

1. 问题描述

校园内有 N 个教学楼及办公楼，要铺设校园光纤网，如何设计施工方案使得工程总的造价为最省。

2. 实验要求

设计校园光纤网铺设的最小生成树模拟程序。
（1）采用邻接表或邻接矩阵存储结构。
（2）分别采用普里姆算法和克鲁斯卡尔算法实现。

3. 实验思路

本题为应用问题下求最小生成树问题，可采用普里姆算法和克鲁斯卡尔算法分别完成，可参考 4.5.1 节。

实验项目 5：关键路径问题。

1. 问题描述

设计有 N 个工序的工程施工图，为保证工程进度，求其关键路径，以保证工期完成。

2. 实验要求

设计求解工程关键路径的模拟程序。
（1）采用邻接表或邻接矩阵存储结构。
（2）使用栈或队列等作为拓扑排序的辅助数据结构。
（3）可以尝试采用深度优先遍历求解问题。

3. 实验思路

可利用拓扑分类算法求关键路径和关键活动。可在求关键路径之前对各顶点实现拓扑排序，并按拓扑有序的顺序对各顶点重新进行编号。若想整个工程提前，必须考虑各关键路径上的所有活动。

实验项目 6：关结点问题。

1. 问题描述

对无向连通图，若删除某个结点使其成为非连通图，则称该结点为关结点。假设某一地区公路交通网，求解关结点。

2. 实验要求

设计求解无向连通图关结点的模拟程序。

（1）采用邻接表或邻接矩阵存储结构。

（2）采用深度优先遍历求解。

3. 实验思路

本项目可参考 4.4.2 节图的深度优先遍历算法部分,并设置标志位。删除某一点和其相应的边后是否仍为连通图,若图是非连通图,则从图中某一顶点出发,不能用深度优先遍历算法访问到图中所有顶点,而是只能访问到一个连通子图,并置标志位,最后查看标志位状态,确定删除某一结点及相应的边后该图是否仍连通,若不再连通则删除的点为关结点。

第 5 章

查　找

　　本章首先介绍查找的相关知识,重点是熟悉各种查找算法,读者在熟悉基本知识的基础上,实现在存储结构上的各种基本操作完成基础验证性实验,进而完成设计性实验,并针对应用性问题选择合适的存储结构,设计算法,完成最后一部分的应用性探究式综合创新型实验。其中,"查找概述"部分可作为对于数据结构重要的理论知识点的预习或复习使用。

5.1　查找概述

　　查找(Searching)是数据信息处理中使用频度较高的操作,在计算机应用软件和系统软件中均可能涉及。因此,当问题所涉及数据量较大时,查找方法的效率较重要。查找的基础知识主要如下。

　　(1) 根据给定的某值,在查找表中确定一个其关键字等于给定值的数据元素或记录,这一过程称为查找。

　　(2) 二叉排序树(Binary Sort Tree)或者是一棵空树,或者是具有如下特性的二叉树。

　　① 若它的左子树不为空,则左子树上所有结点的值均小于其根结点的值。

　　② 若它的右子树不为空,则右子树上所有结点的值均大于其根结点的值。

　　③ 左、右子树也都分别是二叉排序树。

　　(3) 平衡二叉树(Balanced Binary Tree 或 Height-Balanced Tree)又称 AVL 树。它或者是一棵空树,或者是具有下列性质的二叉树,其左子树和右子树都是平衡二叉树,左子树和右子树的深度之差的绝对值不超过 1。

　　(4) B-树是平衡的多路查找树,一棵 m 阶的 B-树,或为空树,或为满足下列特性的 m 叉树。

　　① 树中结点至多有 m 棵子树。

　　② 若根结点不为叶子结点,则至少有两棵子树。

　　③ 除根之外的所有非终端结点至少有 $m/2$ 取上限棵子树。

　　④ 所有的非终端结点中包含下列数据 $(n, A_0, K_1, A_1, K_2, \cdots, K_n, A_n)$, K_i $(i=1,2,\cdots,n)$ 为关键字, $K_i < K_{i+1}(i=1,2,\cdots,n-1)$; $A_i (i=0,1,\cdots,n-1)$ 为指向子树根结点的指针,指针 A_{i-1} 所指子树中的所有结点的关键字均小于

$K_i (i=1,2,\cdots,n)$，A_n 所指子树中的所有结点的关键字均大于 K_n，$n(\lceil m/2 \rceil -1 \leqslant n \leqslant m-1)$ 为关键字的个数(或 $n+1$ 为子树个数)。

⑤ 所有叶子结点均出现在同一层次上，且不带信息，即可以看作外部结点，或查找失败的结点，实际这些结点不存在，指向这些结点的指针均为空。

(5) 常用的构造哈希函数的方法有直接定址法、数字分析法、平方取中法、折叠法、除留余数法和随机数法等。

(6) 常用的处理冲突的方法有开放定址法、再哈希法、链地址法和建立一个公共溢出区等。

5.2 实验目的和要求

本部分可作为验证性实验、设计性实验和应用性探究式综合创新型实验共同的实验目的和要求使用。

(1) 掌握顺序表和有序表的查找方法以及平均查找长度的计算方法。

(2) 掌握静态查找树的构造方法和查找算法，以及顺序查找和折半查找的方法。

(3) 掌握二叉排序树的构造和查找方法。

(4) 掌握哈希表的构造方法，深刻理解哈希表与其他结构的表的实质性差别。

(5) 掌握静态查找、二叉排序树以及哈希查找等算法。

5.3 实验原理

本部分可作为验证性实验、设计性实验和应用性探究式综合创新型实验共同的实验原理使用。

查找表(Search Table)是由同一类型数据元素或记录构成的集合。

对查找表经常进行的操作包括：查询某个特定数据元素是否在查找表中；检索某个特定数据元素的各属性；在查找表中插入一个数据元素；从查找表中删除某数据元素。

关键字(Key)是数据元素或记录中某个数据项的值，可以标识一个数据元素。若该关键字可唯一标识一个数据元素，则称此关键字为主关键字(Primary Key)；否则，称用以识别若干记录的关键字为次关键字(Secondary Key)。当数据元素只有一个数据项时，其关键字即为数据元素本身的值。

查找根据给定的某个值，在查找表中确定一个其关键字等于给定值的记录或数据元素。若表中存在这样一个记录，则称查找成功。此时查找的结果为给出整个记录的信息，或指示该记录在查找表中的位置；若表中不存在关键字等于给定值的记录，则称查找不成功，此时查找的结果可给出一个空记录或空指针。

静态查找表(Static Search Table)是指查找表只做查找操作。

动态查找表(Dynamic Search Table)是指表结构本身是在查找过程中动态生成的。

5.4 验证性实验

为了能够更好地阐述查找方法,以下分为静态查找、动态查找、哈希查找 3 部分介绍。其中,静态查找包括顺序表的查找、有序表的查找和分块查找;动态查找为对二叉排序树的查找。

5.4.1 静态查找的基本操作

1. 目的

静态查找的基本操作视频讲解

静态查找是指在静态查找表上进行的查找操作,在查找表中查找满足条件的数据元素的存储位置或其他属性。静态查找表可以有不同的表示方法,学习和掌握在不同的表示方法中实现查找操作的不同方法。

2. 内容

静态查找的基本操作如下。

(1) 顺序表查找的基本操作。

① 有哨兵的顺序表查找的基本操作为 SeqSearch1(SSTable s,int n,ElemType key)。

② 无哨兵的顺序表查找的基本操作为 SeqSearch2(SSTable s,int n,ElemType key)。

③ 创建顺序表 L,其基本操作为 Create(SSTable s,ElemType data[],int n)。

④ 顺序表 L 已存在,输出顺序表 L 中的元素值,其基本操作为 Disp(SSTable s,int n)。

(2) 有序表折半查找的基本操作为 BinarySearch(SSTable s,int n,int key)。

(3) 分块查找的基本操作为 BlockSearch(IType r,int b,SSTable s,int n,ElemType key)。

3. 算法实现

静态查找的基本操作算法实现如下。

1) 顺序表的查找

(1) 无哨兵的顺序表的查找。

```
#include<stdio.h>
#include<malloc.h>
/*静态查找表的顺序存储结构*/
#define MaxSize 100
typedef int ElemType;
typedef char InfoType;
```

无哨兵的顺序表的查找代码

```
typedef struct{
    ElemType key;                          //关键字项
    InfoType data;                         //其他数据项
}SSTable[MaxSize],Se_Elem;

//基本操作

/ * 无哨兵的顺序查找 * /
int SeqSearch1(SSTable s, int n,ElemType key)
{
    int i;
    for(i=1;i<=n;i++)
    {
        if(s[i].key==key)
        return i;
    }
}

//创建顺序表
void Create(SSTable s,ElemType data[], int n)
{
    int i;
    for(i=1;i<=n;i++)
        s[i].key=data[i-1];
}

//显示输出顺序表
void Disp(SSTable s, int n)
{
    int i;
    for(i=1;i<=n;i++)
        printf("%d ",s[i].key);
    printf("\n");
}

//主函数
void main()
{
    SSTable r;
    int n=10;
    int i,p;
    ElemType key=8;
    ElemType data[]={4,5,3,2,8,6,9,7,10,1};
    Create(r,data,n);
```

```
    Disp(r,n);
    p=SeqSearch1(r,n,key);
    printf("元素%d的位置为%d",key,p);
    printf("\n");
}
```

（2）有哨兵的顺序表的查找。

```
#include<stdio.h>
#include<malloc.h>
/*静态查找表的顺序存储结构*/
#define MaxSize 100
typedef int ElemType;
typedef char InfoType;
typedef struct{
    ElemType key;                           //关键字项
    InfoType data;                          //其他数据项
}SSTable[MaxSize],Se_Elem;
```

有哨兵的顺序
表的查找代码

```
//基本操作

/*有哨兵的顺序查找*/
int SeqSearch2(SSTable s, int n,ElemType key)
{
    int i;
    s[0].key=key;                           //设置哨兵
    i=n;
    while(s[i].key!=key)
        i--;
    return i;
}


//创建顺序表
void Create(SSTable s,ElemType data[], int n)
{
    int i;
    for(i=1;i<=n;i++)
        s[i].key=data[i-1];
}


//显示输出顺序表
void Disp(SSTable s, int n)
{
    int i;
    for(i=1;i<=n;i++)
```

```
            printf("%d ",s[i].key);
        printf("\n");
    }


    //主函数
    void main()
    {
        SSTable r;
        int n=10;
        int i,p;
        ElemType key=8;
        ElemType data[]={4,5,3,2,8,6,9,7,10,1};
        Create(r,data,n);
        Disp(r,n);
        p=SeqSearch2(r,n,key);
        if(p==0)
            printf("未找到");
        else
        {
            printf("元素%d的位置为%d",key,p);
        }

        printf("\n");
    }
```

2）有序表的折半查找

有序表的折
半查找代码

```
#include<stdio.h>
#include<malloc.h>
/*静态查找表的顺序存储结构*/
#define MaxSize 100
typedef int ElemType;
typedef char InfoType;
typedef struct{
    ElemType key;                    //关键字项
    InfoType data;                   //其他数据项
}SSTable[MaxSize],Se_Elem;


//基本操作
/*有序表的折半查找*/
int BinarySearch(SSTable s,int n,int key)
{
    int low,high,mid;
    low=1;
    high=n;
```

```
    while(low<=high)
    {
        mid=(low+high)/2;
        if(key==s[mid].key)              //比较是否相等
            return mid;                  //相等
        if(key<s[mid].key)               //小于
            high=mid-1;                  //设置 high 的新值
        else                             //大于
            low=mid+1;                   //设置 low 的新值
    }
    return 0;
}

//创建顺序表
void Create(SSTable s,ElemType data[], int n)
{
    int i;
    for(i=1;i<=n;i++)
        s[i].key=data[i-1];
}

//显示输出顺序表
void Disp(SSTable s, int n)
{
    int i;
    for(i=1;i<=n;i++)
        printf("%d ",s[i].key);
    printf("\n");
}

//主函数
void main()
{
    SSTable r;
    int n=10;
    int i,p;
    ElemType key=8;
    ElemType data[]={1,2,3,4,5,6,7,8,9,10};
    Create(r,data,n);
    Disp(r,n);
    p=BinarySearch(r,n,key);
    if(p==0)
        printf("未找到");
    else
```

```
    {
        printf("元素%d的位置为%d",key,p);
    }
    printf("\n");
}
```

3）分块查找

```
#include<stdio.h>
#include<malloc.h>
/* 静态查找表的顺序存储结构 */
#define MaxSize 100
typedef int ElemType;
typedef char InfoType;
typedef struct{
    ElemType key;                          //关键字项
    InfoType data;                         //其他数据项
}SSTable[MaxSize],Se_Elem;
typedef struct{
    ElemType key;                          //关键字类型
    int link;                              //分块的起始下标
}IType[MaxSize];
```

```
//建立顺序表
void Create(SSTable s,ElemType data[], int n)
{
    int i;
    for(i=1;i<=n;i++)
        s[i].key=data[i-1];
}
```

```
//输出顺序表
void Disp(SSTable s, int n)
{
    int i;
    for(i=1;i<=n;i++)
        printf("%d ",s[i].key);
    printf("\n");
}
```

```
//分块查找
int BlockSearch(IType r,int b,SSTable s,int n, ElemType key)
//b为块数,key为要查找的关键字
//如果查找成功,则返回元素的序号
{
```

```
    int c1=0;
    int c2=0;
    int low=1;
    int high=b;
    int mid,i;
    int m=(n+b-1)/b;                          //取 n/b 的上界
    while(low<=high)                          //在索引表中进行折半查找
    {
        mid=(low+high)/2;
        if(r[mid].key>=key)
            high=mid-1;
        else
            low=mid+1;
        c1++;
    }
    i=r[high+1].link;
    while(i<=r[high+1].link+m-1)              //在块中进行顺序查找
    {
        c2++;
        if(s[i].key==key)
            break;
        i++;
    }
    if(i<=r[high+1].link+m-1)
        return i;                             //若查找成功,则返回元素的序号
    else
        return 0;                             //若查找失败,则返回
}


//主函数
void main()
{
    SSTable s;                                //待排序序列
    IType r;                                  //索引表
    int n=18;                                 //待排序序列长度
    int key=24;                               //待查关键字
    int b=3;                                  //块数
    int data[]={22,12,13,3,9,20,33,42,44,38,24,48,60,58,74,49,86,53};
                                              //待排序序列
    Create(s,data,n);
    Disp(s,n);
    //初始化索引表
    r[1].key=22;
    r[2].key=48;
```

```
        r[3].key=86;
        r[1].link=1;
        r[2].link=7;
        r[3].link=13;
        int p=BlockSearch(r,b,s,n,key);
        if(p==0)
            printf("未找到");
        else
        {
            printf("元素%d的位置为%d",key,p);
        }
        printf("\n");
}
```

4. 运行结果

无哨兵的顺序表查找基本操作的运行结果如图 5-1 所示。

图 5-1　无哨兵的顺序表查找基本操作的运行结果

有哨兵的顺序表查找基本操作的运行结果如图 5-2 所示。

图 5-2　有哨兵的顺序表查找基本操作的运行结果

有序表的折半查找基本操作的运行结果如图 5-3 所示。

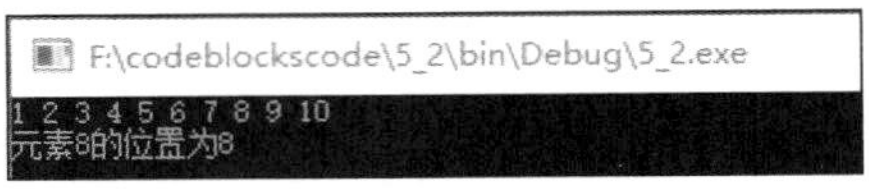

图 5-3　有序表的折半查找基本操作的运行结果

分块查找基本操作的运行结果如图 5-4 所示。

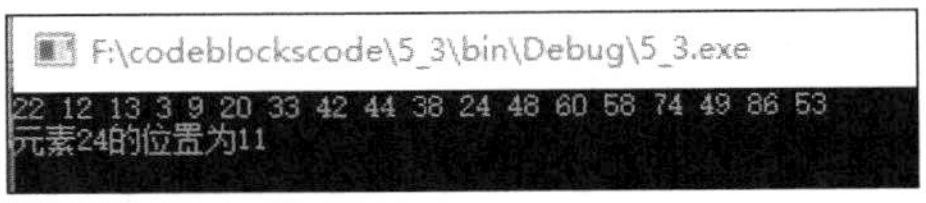

图 5-4　分块查找基本操作的运行结果

5.4.2　二叉排序树的基本操作

二叉排序树代码　　　　　　　二叉排序树视频讲解

1. 目的

学习和掌握二叉排序树各个基本操作的算法设计与实现。

2. 内容

二叉排序树的查找的基本操作如下。

（1）二叉排序树的插入，在二叉排序树 T 中插入关键字为 key 的结点，其基本操作为 InsertBiTree(BiTree * T,ElemType key)。

（2）二叉排序树的创建，采用插入法创建一棵二叉排序树，其基本操作为 CreateBiTree(BiTree * T,int data[],int n)，该操作循环调用 InsertBiTree(BiTree * T, ElemType key)操作。

（3）二叉排序树的销毁，其基本操作为 DestroyBiTree(BiTree * T)。

（4）二叉排序树的查找，在二叉排序树中递归查找关键字为 key 的元素，若查找成功，则输出寻找该元素时所经过的结点；否则，提示无该结点，其基本操作为 SearchBiTree(BiTree * T,ElemType key)。

3. 算法实现

这里设查找的关键字序列为{45,24,53,45,12,24,90}，则生成的二叉排序树如图 5-5 所示。

二叉排序树的基本操作算法实现如下。

```
#include<stdio.h>
#include<malloc.h>
#define MaxSize 100
typedef int ElemType;
typedef struct BiTNode
{
    ElemType data;                    //数据域
    struct BiTNode * lchild;          //左孩子
    struct BiTNode * rchild;          //右孩子
}BiTree;                              //二叉排序树的类型

//基本操作
```

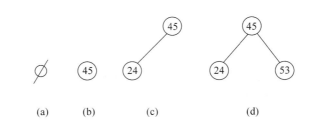

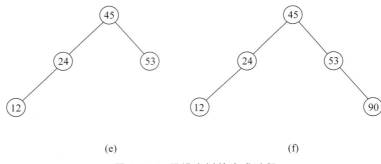

图 5-5　二叉排序树的生成过程

```
//在二叉排序树 T 中插入关键字为 key 的结点
void InsertBiTree(BiTree * T,ElemType key)
{
    if(T==NULL)
    {
        T=(BiTree *)malloc(sizeof(BiTree));
        T->data=key;
        T->lchild=NULL;
        T->rchild=NULL;
    }
    else if(key==T->data)
        printf("已存在当前关键字的结点");
    else if(key<T->data)
        InsertBiTree(T->lchild,key);          //插入左子树中
    else
        InsertBiTree(T->rchild,key);          //插入右子树中
}

//创建二叉树,由 data[]中的数据建立一棵二叉排序树
void CreateBiTree(BiTree * T,int data[],int n)
{
    int i;
    for(i=0;i<n;i++)
    {
```

```
            InsertBiTree(T,data[i]);                //循环插入每个数据
        }
    }


//二叉排序树的查找
void SearchBiTree(BiTree * T,ElemType key)
{
    //输出查找结点的路径
    if(T==NULL)
        printf("空");
    else if(key==T->data)
    {
        printf("%d ",T->data);
    }
    else if(key<T->data)
        SearchBiTree(T->lchild,key);
    else
        SearchBiTree(T->rchild,key);
}


//销毁二叉排序树
void DestroyBiTree(BiTree * T)
{
    if(T!=NULL)
    {
        DestroyBiTree(T->lchild);
        DestroyBiTree(T->rchild);
        free(T);
    }
}


//主函数
void main()
{
    BiTree * T=NULL;
    ElemType key=8;
    int n=10;                                //序列长度
    int data[]={6,11,2,3,10,8,5,7,4,9};        //序列
    printf("根据序列(6,11,2,3,10,8,5,7,4,9)构造二叉排序树");
    CreateBiTree(T,data,n);
    printf("\n");
    printf("\n");
    printf("查找关键字key=%d时的访问序列顺序为:",key);
    SearchBiTree(T,key);                        //调用查找函数
```

```
    DestroyBiTree(T);
}
```

4. 运行结果

二叉排序树的运行结果如图 5-6 所示。

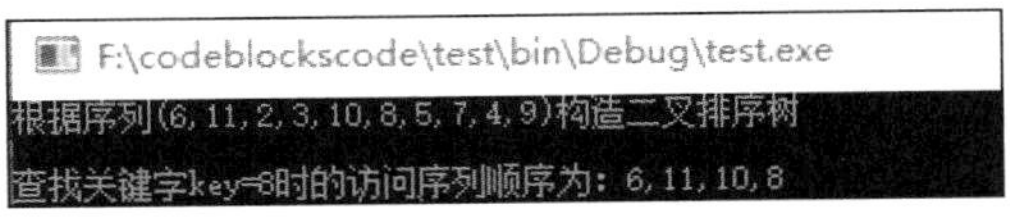

```
F:\codeblockscode\test\bin\Debug\test.exe
根据序列(6,11,2,3,10,8,5,7,4,9)构造二叉排序树
查找关键字key=8时的访问序列顺序为：6,11,10,8
```

图 5-6　二叉排序树的运行结果

5.4.3　哈希查找的基本操作

哈希查找代码　　　　　　　哈希查找视频讲解

1. 目的

学习和掌握哈希查找基本操作的算法设计与实现。

2. 内容

哈希查找的基本操作如下。

（1）构建哈希表，对输入的数据序列按哈希函数和线性处理冲突方法构建哈希表，其基本操作为 CreateHash(HashList H[],ElemType data[],int n,int m,int p)。

（2）插入关键字到哈希表，其基本操作为 InsertHash(HashList H[],int m,int p, ElemType key)。

（3）哈希查找算法，若查找成功，则输出其位置；若查找失败，则输出失败提示信息，其基本操作为 SearchHash(HashList H[],int m,int p,ElemType key)。

3. 算法实现

以长度为 11 的哈希表为例，哈希函数为 $H(k)=k\%11$，使用开放地址法中的线性探测法处理冲突示意图如图 5-7 所示。其中，已填有关键字分别为 17、60、29 的记录，现有第 4 个记录，其关键字为 38，由哈希函数得到的地址为 5，产生冲突；若用线性探测再散列的方法处理时得到的地址为 6，仍冲突；再求下一个地址 7，仍冲突；直到哈希地址为 8 的位置为空时止，处理冲突的过程结束，记录填入序号为 8 的位置。若用二次探测再散列，则应该填入序号为 4 的位置；类似地，可得到伪随机再散列的地址，如图 5-7(d)所示。

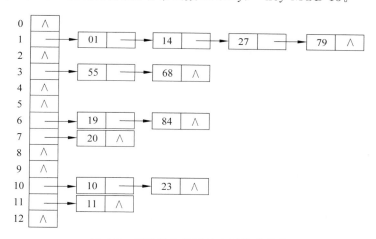

0	1	2	3	4	5	6	7	8	9	10
					60	17	29			

(a)

0	1	2	3	4	5	6	7	8	9	10
					60	17	29	38		

(b)

0	1	2	3	4	5	6	7	8	9	10
				38	60	17	29			

(c)

0	1	2	3	4	5	6	7	8	9	10
			38		60	17	29			

(d)

图 5-7　用开放地址法中的线性探测法处理冲突示意图

链地址法处理冲突时的哈希表如图 5-8 所示。这里,已知一组关键字为(19,14,23,01,68,20,84,27,55,11,10,79)则按哈希函数 H(key)＝key MOD 13。

图 5-8　链地址法处理冲突时的哈希表

哈希查找的基本操作算法实现如下。

```c
#include<stdio.h>
#include<malloc.h>
#define MaxSize 100
typedef int ElemType;                   //关键字类型
typedef struct
{
    ElemType key;                       //关键字
    int c;                              //记录探测次数
}HashList;
```

```
//基本操作
//插入关键字 key 到哈希表中
void InsertHash(HashList H[],int m,int p,ElemType key)
{
    int i;
    int d;
    d=key%p;
    if(H[d].key==-1)                        //未发生冲突,直接将其插入哈希表中
    {
        H[d].key=key;
        H[d].c=1;
    }
    else                                    //发生冲突,采用线性探测法解决冲突
    {
        i=1;
        while(H[d].key!=-1)
        {
            d=(d+1)%p;
            i++;
        }                                   //while
        H[d].key=key;
        H[d].c=i;
    }
}


//构建哈希表
void CreateHash(HashList H[],ElemType data[],int n,int m,int p)
{
    int i;
    for(i=0;i<m;i++)
    {
        H[i].key=-1;
        H[i].c=0;
    }
    for(i=0;i<n;i++)
        InsertHash(H,m,p,data[i]);
}


//计算平均查找长度
float calavg(HashList H[],int n,int m)
{
    int i;
    float a=0;
     for(i=0;i<m;i++)
```

```
        if(H[i].key!=-1)
            a=a+H[i].c;
    a=a/n;
    return a;
}


//显示输出哈希表
void DispHash(HashList H[],int n,int m)
{
    int i;
    float a;
    printf(" 地址:   ");
    for(i=0;i<m;i++)
        printf("%d   ",i);
    printf("\n");
    printf("关键字:  ");
    for(i=0;i<m;i++)
        if(H[i].key==-1)
            printf("    ");                //输出空格
        else
            printf("%d  ",H[i].key);
    printf("\n");
    printf("探测次数:");
    for(i=0;i<m;i++)
        if(H[i].key==-1)
            printf("    ");                //输出空格
        else
            printf("%d   ",H[i].c);
    printf("\n");
    a=calavg(H,n,m);
    printf("平均查找长度为%g",a);
}


//哈希查找算法
int SearchHash(HashList H[],int m,int p,ElemType key)
{
    int i=0;
    int a;
    a=key%p;
    while(H[a].key!=-1&&H[a].key!=key)
    {
        i++;
        a=(a+1)%m;
    }
```

```
        if(H[a].key==key) return a;
        return -1;
    }


    //主函数
    void main()
    {
        int data[]={17,60,29,38};                    //以图 5-7 为例
        int n=4,m=11,p=11,i,key=38,result;
            //数据个数为 4,哈希表为 A[0..10],m 为 11,H(k)%p 中,p 为 11,待查找的数据为 38
        HashList H[MaxSize];
        printf("创建哈希表:\n");
        CreateHash(H,data,n,m,p);
        printf("输出哈希表:\n");
        DispHash(H,n,m);
        printf("\n");
        result=SearchHash(H,m,p,key);
        if(result!=-1)
            printf("查找关键字 key=%d 的记录位置为%d",key,result);
        else
            printf("未找到关键字 key=%d",key);
        printf("\n");
    }
```

4. 运行结果

哈希查找基本操作运行结果如图 5-9 所示。

图 5-9 哈希查找基本操作运行结果

5.5 设计性实验

5.5.1 设计性实验题目

本部分可作为数据结构实验的实验课内容、课后练习题、数据结构理论课或实验课作业等使用。本部分结合各类程序设计竞赛或考研真题考查知识点设置实验题目,可作为设计性实验使用,并布置在相应的在线实验平台上,配合在线平台使用。

【**项目 5-1**】 （本题目结合考研真题考查知识点设置）使用折半查找法实现给定一个有序（非降序）数组 A，可含有重复元素，求最大的 i 使得 $A[i]$ 小于 target，不存在则返回 -1。

（1）题目要求。

① 测试数据形式。

```
2 4 6 7 8 8 9(非降序数组 A)
9(target)
```

② 测试数据输出。

```
Target 为 6(位置 i 或者 -1,输出的是第几个元素)
```

（2）题目分析。

参考折半查找算法思想。

（3）题目主算法。

题目主算法

```c
#include<stdio.h>
#include<malloc.h>
/*静态查找表的顺序存储结构*/
#define MaxSize 100
typedef int ElemType;
typedef char InfoType;
typedef struct{
    ElemType key;                        //关键字项
    InfoType data;                       //其他数据项
}SSTable[MaxSize],Se_Elem;


//基本操作
/*有序表的折半查找*/
int BinarySearch(SSTable s,int n,int key)
{
    int low,high,mid;
    low=1;
    high=n;
    while(low<=high)
    {
        mid=(low+high)/2;
        if(key==s[mid].key)              //比较是否相等
            return mid;                  //相等
        if(key<s[mid].key)               //小于
            high=mid-1;                  //设置 high 的新值
        else                             //大于
            low=mid+1;                   //设置 low 的新值
    }
```

```
        return 0;
    }

    //创建顺序表
    void Create(SSTable s,ElemType data[], int n)
    {
        int i;
        for(i=1;i<=n;i++)
            s[i].key=data[i-1];
    }

    //显示输出顺序表
    void Disp(SSTable s, int n)
    {
        int i;
        for(i=1;i<=n;i++)
            printf("%d ",s[i].key);
        printf("\n");
    }

    //主函数
    void main()
    {
        SSTable r;
        int n=7;
        int i,p;
        ElemType key=9;
        ElemType data[]={2,4,6,7,8,8,9};
        Create(r,data,n);
        Disp(r,n);
        p=BinarySearch(r,n,key);
        if(p==-1)
            printf("未找到");
        else
        {
            printf("target 为%d",p-1);
        }

        printf("\n");
    }
```

（4）项目 5-1 运行结果如图 5-10 所示。

图 5-10　项目 5-1 运行结果

【项目 5-2】　（本题结合程序设计竞赛考查知识点设置）统计字符串中出现的字符及其次数。

（1）题目要求。

① 测试数据形式。

world

② 测试数据输出。

w 1
o 1
r 1
l 1
d 1

（2）题目分析。

可将上述字符串中的字符创建为一棵二叉排序树,根据二叉排序树的性质,按照中序输出,则为按照 ASCII 码由小到大值的顺序输出结点值。

（3）题目主算法。

题目主算法

```c
#include<stdio.h>
#include<string.h>
#include<malloc.h>
#define MaxSize 100
typedef char ElemType;
typedef struct BiTNode
{
    ElemType data;                          //数据域
    int count;                              //计数
    struct BiTNode * lchild;                //左孩子
    struct BiTNode * rchild;                //右孩子
}BiTree;

//创建
void Create(BiTree * T,ElemType c)
{
    if(T==NULL)                             //生成新结点
    {
        T=(BiTree * )malloc(sizeof(BiTree));
        T->data=c;
        T->lchild=NULL;
        T->rchild=NULL;
        T->count=1;
    }
    else if(c==T->data)                     //已有,则计数
```

```
            T->count++;
        else if(c<T->data)                    //小于,左子树
            Create(T->lchild,c);
        else
            Create(T->rchild,c);              //大于,右子树
        InOrder(T);
    }


//显示,递归显示
void InOrder(BiTree * T)
{
    if(T!=NULL)
    {
        InOrder(T->lchild);                   //左子树
        printf("%c %d\n",T->data,T->count); //结点
        InOrder(T->rchild);                   //右子树
    }
}


//销毁,递归销毁
void DestroyBi(BiTree * T)
{
    if(T!=NULL)
    {
        DestroyBi(T->lchild);                 //左子树
        free(T);                              //结点
        DestroyBi(T->rchild);                 //右子树
    }
}


//主函数
void main()
{
    BiTree * T=NULL;
    int i;
    char s[MaxSize];
    printf("请输入字符串:");
    gets(s);
    for(i=0;i<strlen(s);i++)
    {
        Create(T,s[i]);
        printf("\n");
    }
```

```
    DestroyBi(T);
}
```

（4）项目 5-2 运行结果如图 5-11 所示。

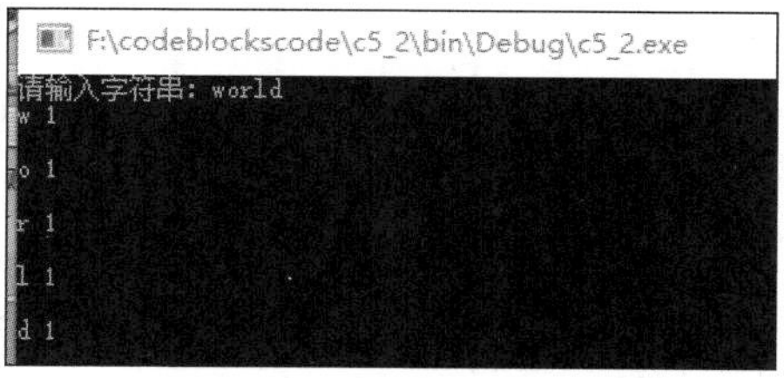

图 5-11 项目 5-2 运行结果

5.5.2 习题与指导

【习题 5-1】（本题结合程序设计竞赛考查知识点设置）给出一个字符串，完成如下操作：①输入第一行为初始字符串；②输入第二行给出操作指令数目。其中，操作指令"In c p"，在当前字符串的第 p 个位置前插入字符 c；指令"Qu p"，查询第 p 个字符（第 p 个字符存在）。

习题指导：为提高查找的效率，可采用分块查找法，每次插入前先找到对应的块，再用 O(1) 时间在该块中进行插入操作，查询同理。

【习题 5-2】（本题结合程序设计竞赛考查知识点设置）判断一个二叉树是否为平衡二叉树。编写一个算法，用于判断二叉树是否为平衡二叉树，要求算法的时间复杂度较小，在不考虑系统栈空间的前提下使空间复杂度较小。

习题指导：二叉树平衡因子的计算方法是根据左子树和右子树的高度差。可根据各结点左、右子树的高度差是否符合，确定该二叉树是否为平衡二叉树。

【习题 5-3】（本题结合考研真题考查知识点设置）下列算法是利用折半查找算法在一个有序表中插入一个元素 x，并保持有序，请补全该算法。

```
int insert(sqlist r,int x,int n){
    int low,high,mid,flag,pos,i;
    low=1;
    high=n;
    flag=1;
    while(   (1)   )
    {
        mid=(low+high)/2;
        if(   (2)   )
            high=mid;
        else if(x>r[mid].key)
            (3)   ;
        else flag=0;
    }
```

```
    if(!flag)
        pos=mid;
    else pos=low;
    for(i=n;i>=pos;i--)
        r[pos].key=x;
}
```

习题指导与解答：

(1)(low＜high)&&flag；(2)x＜r[mid].key；(3)low＝mid。

【习题 5-4】　(本题结合考研真题考查知识点设置)按照序列 13,24,37,90,53 的次序形成平衡二叉树,请回答以下问题：

(1) 该平衡二叉树的高度为多少？

(2) 其根结点是什么？

(3) 左子树中的数据是多少？

(4) 右子树中的数据是多少？

习题指导与解答：本题考查平衡二叉树的插入过程。高度为 3；根结点为 24；左子树中的数据为 13；右子树中的数据为 37,53,90。

5.6　应用性探究式综合创新型实验

5.6.1　实验项目范例

数据库中的索引顺序表应用(计算机系统能力培养、程序设计竞赛考查知识点融合性题目)。

代码获取　　　视频讲解　　　课件

1. 问题描述

某大学计算机学院学生信息查询数据库系统。各专业按名称有序,专业内按班级编号有序,实现查询。

2. 实验要求

设计索引顺序表的学生信息查询数据库系统。

(1) 采用顺序表、索引表等存储结构。

(2) 采用二级顺序表索引。

(3) 完成表的创建、插入、查询等操作。

(4) 分析平均查找长度特性。

3. 实验思路

假设某大学计算机学院学生信息查询数据库系统中,每个学生的信息包含姓名、学号、专业、班级等两项内容,现准备使用索引存储结构,使用二级索引表,以学号作为关键字,实现专业、班级、个人的三级查询,可提高查询效率、减少查询次数。本程序为模拟数据库索引表程序,专业内班级索引表为动态生成,这样空间减小以节约内存。

4. 题目代码

```cpp
//为后面 STL 的引入做铺垫和过渡,本题目部分采用 C++语言编程实现(非核心部分),但仍是以
//结构体方式定义数据结构,注意需要在集成开发环境下建立 C++工程编辑、编译和运行等
#include<iostream>
#include<time.h>
#include<stdio.h>
#include<string.h>
#include<stdlib.h>
#include<cstring>
using namespace std;
const int MaxStuSum = 300;
const int ClassSum = 10;
const int CollegeSum = 3;
int SearchList[ClassSum];                      //一级索引
int SearchList2[CollegeSum];                   //二级索引
struct Student
{
    int Id;
    char name[20];
    int CollegeId;
    int classId;
};
Student stu[MaxStuSum];
//显示
void ShowById(int id)
{
    if (id == -1) return;

    cout<<endl << "[查询结果]" << endl;

    cout << "姓名: " << stu[id].name << endl;
    cout << "学号: " << stu[id].Id << endl;

    if (stu[id].CollegeId == 0)
        cout << "专业班级: 物联网 ";
    else if (stu[id].CollegeId == 1)
```

```
            cout << "专业班级:计算机科学 ";
        else if (stu[id].CollegeId == 2)
            cout << "专业班级:电子信息 ";
        if (stu[id].classId + 1 < 10)
            cout << "200" << stu[id].classId + 1 << endl;
        else
            cout << "2001" << endl;
    }

    //查找
    int FindbyId(int id)
    {
        if (id < 20200000 || id>20200000 + MaxStuSum)
        {
            cout << "[查找失败!]" << endl;
            return -1;
        }
        int k = 0;
        while (id < SearchList2[k])k++;
        int i;
        if (k == 0)
            i = 0;
        if (k == 1)
            i = 2;
        if (k == 2)
            i = 5;
        while (id < SearchList[i])i++;
        int j = 0;
        for (; stu[i * 30 + j].Id != id; j++);
        cout << "[查找成功!]" << endl;
        return i * 30 + j;
    }

    //随机生成数据
    void RandomName(char * name)
    {
        const int LastNameSum = 17;              //姓氏的数量
        const int FirstNameSum = 14;             //名字的数量
        static char LastName[LastNameSum][10] = { "一","二","三","四","五","六",
    "七","八","九","十","十一","十二","十三","十四","十五","十六","十七" };
        static char FirstName[FirstNameSum][10] = { "赵","李","王","西门","罗",
    "郭","刘","陈","陶","傅","曲","薛","东方","马" };
        strcpy(name,FirstName[rand() % FirstNameSum]);
        int randLastName = rand() % LastNameSum;
```

```
        int len = strlen(name);
        int i = len;
        for (; i < len + strlen(LastName[randLastName]); i++)
        {
            name[i] = LastName[randLastName][i - len];
        }
        name[i] = '\0';
        if (i % 30 == 0)
        {
            SearchList[i / 30] = stu[i].Id;
        }
    }


//初始化
void InitData()
{
    srand(time(NULL));
    for (int i = 0; i < MaxStuSum; i++)
    {
        stu[i].Id = 20200000 + i;
        if (i < 60)
        {
            stu[i].CollegeId = 0;
            stu[i].classId = i / 30;
        }
        else if (i < 150)
        {
            stu[i].CollegeId = 1;
            stu[i].classId = i / 30-2;
        }
        else if (i < 300)
        {
            stu[i].CollegeId = 2;
            stu[i].classId = i / 30-5;
        }
        RandomName(stu[i].name);
    }
    SearchList2[0] = 2020000;
    SearchList2[1] = 20200000 + 60;
    SearchList2[2] = 20200000 + 150;
}


//初始化所有学生的数据
int main()
```

```
{
    cout << "数据生成中...";
    InitData();
    cout << "生成完毕" << endl;
    while (1)
    {
        cout << endl << "请输入需要查询的学号 (20200000~" << 20200000 + MaxStuSum
- 1 << "):" << endl;
        int findStu;
        int ResultStu;
        cin >> findStu;
        ResultStu = FindbyId(findStu);
        ShowById(ResultStu);
    }
    return 0;
}
```

5. 运行结果

数据库中的索引顺序表应用运行结果如图 5-12 所示。

图 5-12　数据库中的索引顺序表应用运行结果

5.6.2　实验项目与指导

实验项目 1：自然语言处理问题。

1. 问题描述

中文分词的快速匹配问题。中文分词有多种方法,如基于字符串匹配的分词方法,按照策略将汉字字符串与一个充分大的中文词典词条相匹配,如果在词典中找到某字符串则匹配成功,匹配方法按照不同方向分为正向和逆向匹配,按照不同长度分为最大和最小匹配等。

2. 实验要求

设计中文分词匹配程序。
(1) 采用顺序或链式存储结构。
(2) 设计哈希函数。
(3) 设计解决冲突方法。
(4) 分析平均查找长度特性。

3. 实验思路

可采用哈希方法提高查找效率,需要设计合理的哈希函数。解决冲突的方法可采用拉链法,将所有以相同汉字开头的词构成一个拉链表。

实验项目 2:哈希表应用。

1. 问题描述

针对学生的手机号码,设计一个哈希表,使得平均查找长度不超过给定值 R。

2. 实验要求

设计哈希表应用程序。
(1) 采用顺序或链式存储结构。
(2) 设计哈希函数。
(3) 分析平均查找长度特性。

3. 实验思路

使用链地址法、拉链法处理冲突的哈希表结构,以电话号码为关键字和以用户名为关键字分别进行插入、添加结点,创建哈希函数。哈希表的基本操作函数可参见 5.4.3 节。

实验项目 3:二叉排序树应用。

1. 问题描述

互联网域名系统是一个典型的树层次结构。从根结点往下的第一层是顶层域,如 cn、com 等,最底层(第四层)是叶子结点,如 www 等。因此,域名搜索可以通过构造树的结构完成。

2. 实验要求

设计基于二叉排序树的搜索互联网域名的程序。

（1）采用二叉树的二叉链表存储结构。

（2）完成二叉排序树的创建、插入、删除和查询等操作。

（3）可以考虑合并两棵二叉排序树。

3．实验思路

使用链表寄存域名及 IP 地址，通过用户增加记录，通过查找函数寻找目标域名进行删除等操作。二叉排序树的基本操作函数可参见 5.4.2 节。

实验项目 4：平衡二叉树演示。

1．问题描述

利用平衡二叉树设计动态查找表。

2．实验要求

设计平衡二叉树的动态演示模拟程序。

（1）采用平衡二叉树存储结构。

（2）完成平衡二叉树的创建、查找、插入和删除等的演示操作。

（3）可以考虑两棵平衡二叉树的合并。

3．实验思路

本部分可参考平衡二叉树部分的理论知识实现算法。

第6章

排　　序

本章首先介绍排序的相关知识,重点是掌握各种典型的排序算法,读者在学习基本知识的基础上,实现在存储结构上的各种基本操作完成基础验证性实验,进而完成设计性实验,以及针对应用性问题选择合适的存储结构,设计算法,完成最后一部分的应用性探究式综合创新型实验。其中,"排序概述"部分可作为对于数据结构重要的理论知识点的预习或复习使用。

6.1　排序概述

本章主要围绕内部排序展开,部分题目涉及外部排序内容。排序是数据信息处理中经常使用的一种重要运算,如何排序、如何提高排序效率是计算机应用中的重要课题之一。排序的基础知识主要如下。

(1) 排序(Sorting)是计算机程序设计中的一种重要操作,它的功能是将一个数据元素(或记录)的任意序列,重新排列成一个按关键字有序的序列。

(2) 若整个排序过程不需要访问外存便能完成,则称此类排序问题为内部排序;反之,若参加排序的记录数量很大,整个序列的排序过程不能在内存中完成,则称此类排序问题为外部排序。这里,需要特别说明的是,本章排序以内部排序为主,部分题目涉及外部排序内容。

(3) 排序包括直接插入排序、折半插入排序、希尔排序、简单交换排序、冒泡排序、快速排序、简单选择排序、堆排序、归并排序以及基数排序等。

(4) 对排序算法的性能评价一般从时间和执行算法所需的辅助空间两方面衡量,即时间复杂度和空间复杂度。

6.2　实验目的和要求

本部分可作为验证性实验、设计性实验和应用性探究式综合创新型实验共同的实验目的和要求使用。

(1) 通过实现典型的查找算法,进一步理解经典算法的特点、适用范围和效率,逐步培养解决实际问题的能力。

(2) 掌握包括直接插入排序、折半插入排序、希尔排序、简单交换排序、冒泡排序、快速排序、简单选择排序、堆排序、归并排序以及基数排序等排序算法。

（3）掌握排序算法的性能评价方法，一般从时间和执行算法所需的辅助空间两方面衡量，即时间复杂度和空间复杂度。

6.3 实验原理

本部分可作为验证性实验、设计性实验和应用性探究式综合创新型实验共同的实验原理使用。

排序是计算机程序设计中的一种重要操作，它的功能是将一个数据元素（或记录）的任意序列，重新排列成一个按关键字有序的序列。

由于待排序的记录数量不同，使得排序过程中涉及的存储器不同，可将排序方法分为两类：一类是内部排序，指的是待排序记录存放在计算机内存中进行的排序过程；另一类是外部排序，指的是待排序记录数量很大，以致内存一次不能容纳全部记录，在排序过程中尚需对外存进行访问的排序过程。本章主要讨论内部排序，部分题目涉及外部排序内容。

排序的主要目的是实现快速查找，排序方法主要有直接插入排序、折半插入排序、希尔排序、简单交换排序、冒泡排序、快速排序、简单选择排序、堆排序、归并排序以及基数排序等。

排序算法的稳定性是指如果在待排序的记录序列中有多个数据元素的关键字值相同，经过排序后，这些数据元素的相对次序保持不变，则称这种排序算法是稳定的，反之，则称该种排序算法为不稳定的。

通常，在排序的过程中需要进行以下两种基本操作：①比较两个关键字的大小；②将记录从一个位置移动至另一个位置。在排序过程中，基本操作执行一次称为一趟。

评价排序算法的效率需要考虑时间复杂度和空间复杂度，即在数据量一定的情况下，算法执行所消耗的平均时间和执行算法所需要的辅助存储空间。

6.4 验证性实验

6.4.1 插入排序的基本操作

插入排序视频讲解

1. 目的

学习和掌握插入排序中常用排序算法的设计与实现。其中，本节所涉及的插入排序包括直接插入排序、折半插入排序和希尔排序。

2. 内容

插入排序的基本操作如下。

（1）直接插入排序，将第 i 个记录插入到前面 $i-1$ 个已经排好序的记录中，其基本操作为 InsertSort(SqList * L)。

（2）折半插入排序，是在一个有序表中进行查找和插入，其基本操作为 BinaryInsertSort(SqList * L)。

（3）希尔排序，希尔排序是改进后的插入排序算法，先将待排序记录序列分割为若干个较稀疏的子序列，分别对这些子序列进行直接插入排序，重复执行该过程，再对全部记录进行一次直接插入排序，其基本操作分别为 ShellSort(SqList * L,int data[],int t)、ShellInsert(SqList * L,int d)。

3. 算法实现

以序列{22,5,14,7,18,23,14}为例，直接插入排序过程如图 6-1 所示。

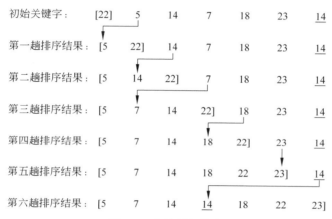

图 6-1 直接插入排序

待排序关键字序列为{58,46,72,95,84,25,37,58,63,12}，步长因子分别取 5,3,1，则希尔排序过程如图 6-2 所示。

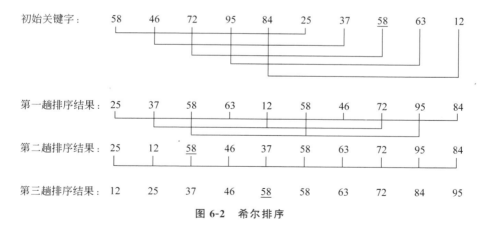

图 6-2 希尔排序

插入排序的基本操作算法实现如下。

1) 直接插入排序

```c
#include<stdio.h>
#include<malloc.h>
#define MaxSize 100
typedef int ElemType;                              //数据类型
typedef struct
{
    ElemType r[MaxSize];                           //存储顺序表元素的空间
    int length;                                    //顺序表的长度
}SqList;                                           //顺序表的类型

//基本操作

/* 直接插入排序 */
void InsertSort(SqList * L)
{
    int m,n;
    for(m=2;m<=L->length;m++)
    {
        if(L->r[m]<L->r[m-1])                      //比较
        {
            L->r[0]=L->r[m];                       //设置哨兵
            for(n=m-1;L->r[n]>L->r[0];n--)
                L->r[n+1]=L->r[n];                 //后移
            L->r[n+1]=L->r[0];
        }
    }
}

//输出线性表的元素
void DispList(SqList * L)
{
    for(int i=1;i<=L->length;i++)
        printf("%d ",L->r[i]);
    printf("\n");
}

//主函数
void main()
{
    SqList * L=(SqList *)malloc(sizeof(SqList));
    L->length=5;
    int num[]={5,4,3,2,1};                         //测试数据
```

直接插入排序代码

```
    for(int i=0;i<L->length;i++)
    {
        L->r[i+1]=num[i];
    }
    DispList(L);
    InsertSort(L);
    DispList(L);
}
```

2）折半插入排序

```
#include<stdio.h>
#include<malloc.h>
#define MaxSize 100
typedef int ElemType;
typedef struct
{
    ElemType r[MaxSize];                //存储顺序表元素的空间
    int length;                         //顺序表的长度
}SqList;                                //顺序表的类型


/*折半插入排序*/
void BinaryInsertSort(SqList *L)
{
    int low,high,i,j;
    int mid;
    for(i=2;i<=L->length;i++)
    {
        L->r[0]=L->r[i];
        low=1;
        high=i-1;
        while(low<=high)                //结束条件
        {
            mid=(low+high)/2;           //设置 mid 值
            if(L->r[0]>L->r[mid])       //大于
                low=mid+1;              //更新 low 值
            else                        //小于
                high=mid-1;             //更新 high 值
        }
        for(j=i-1;j>=low;j--)           //移动,赋值
            L->r[j+1]=L->r[j];
        L->r[high+1]=L->r[0];
    }
}
```

折半插入排序代码

```
//输出线性表的元素
void DispList(SqList * L)
{
    for(int i=1;i<=L->length;i++)
        printf("%d ",L->r[i]);
    printf("\n");
}

//主函数
void main()
{
    SqList * L=(SqList *)malloc(sizeof(SqList));
    L->length=5;
    int num[]={5,4,3,2,1};
    for(int i=0;i<L->length;i++)
    {
        L->r[i+1]=num[i];
    }
    DispList(L);
    BinaryInsertSort(L);
    DispList(L);
}
```

3）希尔排序

希尔排序

```
#include<stdio.h>
#include<malloc.h>
#define MaxSize 100
typedef int ElemType;
typedef struct
{
    ElemType r[MaxSize];        //存储顺序表元素的空间
    int length;                 //顺序表的长度
}SqList;                        //顺序表的类型

//基本操作

/* 希尔排序 */
void ShellInsert(SqList * L,int d)
{
    int i,j;
    for(i=d+1;i<=L->length;i++)
        if(L->r[i]<L->r[i-d])           //将 L->r[i]插入有序增量子表中
        {
            L->r[0]=L->r[i];            //暂存
```

```
            j=i-d;
            do{
                L->r[j+d]=L->r[j];              //记录后移
                j=j-d;
            }while(j>0&&L->r[0]<L->r[j]);
            L->r[j+d]=L->r[0];                  //插入
        }
}
void ShellSort(SqList * L,int data[],int t)
{
    for(int k=0;k<t;k++)
    {
        ShellInsert(L,data[k]);                 //一趟递增为 data[k]的插入排序
    }
}
//输出线性表的元素
void DispList(SqList * L)
{
    for(int i=1;i<=L->length;i++)
        printf("%d ",L->r[i]);
    printf("\n");
}


void main()
{
    SqList * L=(SqList * )malloc(sizeof(SqList));
    L->length=5;
    int num[]={5,4,3,2,1};
    int data[]={5,4,3,2,1};
    for(int i=0;i<L->length;i++)
    {
        L->r[i+1]=num[i];
    }
    DispList(L);
    ShellSort(L,data,5);
    DispList(L);
}
```

4. 运行结果

直接插入排序运行结果如图 6-3 所示。
折半插入排序运行结果如图 6-4 所示。

图 6-3   直接插入排序运行结果

图 6-4   折半插入排序运行结果

希尔排序运行结果如图 6-5 所示。

图 6-5   希尔排序运行结果

6.4.2   交换排序的基本操作

交换排序
视频讲解

1. 目的

学习和掌握交换排序中常用排序算法的设计与实现。交换排序包括简单交换排序、冒泡排序和快速排序等。

2. 内容

交换排序的基本操作如下。

(1) 简单交换排序,其基本操作为 SimpleSort(SqList * L)。

(2) 冒泡排序,其基本操作为 BubbleSort(SqList * L)。

(3) 快速排序,其基本操作为 QKSort(SqList * L,int low,int high),其中一趟划分的基本操作为 QKPass(SqList * L,int low,int high)。

3. 算法实现

交换排序的基本操作算法实现如下。

1) 简单交换排序

交换排序代码

```
#include<stdio.h>
#include<malloc.h>
#define MaxSize 100
typedef int ElemType;
```

```c
typedef struct
{
    ElemType r[MaxSize];            //存储顺序表元素的空间
    int length;                     //顺序表的长度
}SqList;                            //顺序表的类型

//基本操作

/*简单交换排序*/
void SimpleSort(SqList *L)
{
    int i,j;
    int temp;
    for(i=1;i<L->length;i++)
    {
        for(j=i+1;j<=L->length;j++)
        {
            if(L->r[i]>L->r[j])
                {
                    temp=L->r[i];
                    L->r[i]=L->r[j];
                    L->r[j]=temp;
                }
        }
    }
}

//输出线性表的元素
void DispList(SqList *L)
{
    for(int i=1;i<=L->length;i++)
        printf("%d ",L->r[i]);
    printf("\n");
}

//主函数
void main()
{
    SqList *L=(SqList *)malloc(sizeof(SqList));
    L->length=5;
    int num[]={5,4,3,2,1};
    for(int i=0;i<L->length;i++)
    {
        L->r[i+1]=num[i];
```

```
    }
    DispList(L);
    SimpleSort(L);
    DispList(L);
}
```

2）冒泡排序

冒泡排序代码

```
#include<stdio.h>
#include<malloc.h>
#define MaxSize 100
typedef int ElemType;
typedef struct
{
    ElemType r[MaxSize];          //存储顺序表元素的空间
    int length;                   //顺序表的长度
}SqList;                          //顺序表的类型

//基本操作

/*冒泡排序*/
void BubbleSort(SqList * L)
{
    int i,j;
    //int change;
    ElemType x;
    //change=1;
    for(i=1;i<=L->length-1;i++)
    {
        //change=0;
        for(j=1;j<=L->length-i;j++)
            if(L->r[j]>L->r[j+1])
            {
                x=L->r[j];
                L->r[j]=L->r[j+1];
                L->r[j+1]=x;
                //change=1;
            }
    }
}

//输出线性表的元素
void DispList(SqList * L)
{
    for(int i=1;i<=L->length;i++)
```

```
        printf("%d ",L->r[i]);
    printf("\n");
}
```

```
//主函数
void main()
{
    SqList * L=(SqList * )malloc(sizeof(SqList));
    L->length=5;
    int num[]={5,4,3,2,1};
    for(int i=0;i<L->length;i++)
    {
        L->r[i+1]=num[i];
    }
    DispList(L);
    BubbleSort(L);
    DispList(L);
}
```

3）快速排序

```
#include<stdio.h>
#include<malloc.h>
#define MaxSize 100
typedef int ElemType;
typedef struct
{
    ElemType r[MaxSize];                    //存储顺序表元素的空间
    int length;                             //顺序表的长度
}SqList;                                    //顺序表的类型
```

快速排序代码

```
//基本操作
```

```
/ * 快速排序 * /
```

```
//一趟划分
int QKPass(SqList * L,int low,int high)
{
    ElemType x;
    x=L->r[low];                            //基准
    while(low<high)                         //从两端向中间扫描
    {
        while(low<high&&L->r[high]>=x)
            high--;
        if(low<high)                        //从右向左寻找小于 x 的元素
```

```
            {
                L->r[low]=L->r[high];
                low++;
            }
            while(low<high&&L->r[low]<=x)      //从左向右寻找大于 x 的元素
                low++;
            if(low<high)
            {
                L->r[high]=L->r[low];
                high--;
            }
        }
        L->r[low]=x;
        return low;
    }


    //快速排序
    void QKSort(SqList * L,int low,int high)
    {
        int pos;
        if(low<high)                           //至少存在两个元素
        {
            pos=QKPass(L,low,high);
            QKSort(L,low,pos-1);               //左侧递归排序
            QKSort(L,pos+1,high);              //右侧递归排序
        }
    }


    //输出线性表的元素
    void DispList(SqList * L)
    {
        for(int i=0;i<L->length;i++)
            printf("%d ",L->r[i]);
        printf("\n");
    }


    //主函数
    void main()
    {
        SqList * L=(SqList *)malloc(sizeof(SqList));
        L->length=5;
        int num[]={5,4,3,2,1};
        for(int i=0;i<L->length;i++)
        {
```

```
            L->r[i]=num[i];
        }
    DisplList(L);
    QKSort(L,0,L->length-1);
    DisplList(L);
}
```

4. 运行结果

简单交换排序运行结果如图 6-6 所示。

图 6-6　简单交换排序运行结果

冒泡排序运行结果如图 6-7 所示。

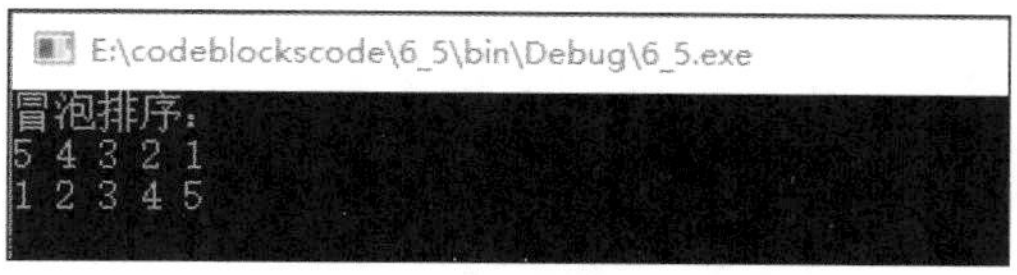

图 6-7　冒泡排序运行结果

快速排序运行结果如图 6-8 所示。

图 6-8　快速排序运行结果

6.4.3　选择排序的基本操作

1. 目的

学习和掌握选择排序中常用排序算法的设计与实现。选择排序包括简单选择排序和堆排序等。

选择排序
视频讲解

2. 内容

择排序的基本操作如下。

(1) 简单选择排序,其基本操作为 SelectSort(SqList * L)。

(2) 堆排序,其基本操作为 HeapSort(SqList * L)。

3. 算法实现

选择排序的基本操作算法实现如下。

1) 简单选择排序

简单选择排序代码

```c
#include<stdio.h>
#include<malloc.h>
#define MaxSize 100
typedef int ElemType;
typedef struct
{
    ElemType r[MaxSize];           //存储顺序表元素的空间
    int length;                    //顺序表的长度
}SqList;                           //顺序表的类型

//基本操作

/* 简单选择排序 */
void SelectSort(SqList * L)
{
    int i,j,k;
    ElemType x;
    for(i=0;i<L->length-1;i++)            //第 i 趟排序
    {
        k=i;
        for(j=i+1;j<=L->length;j++)       //在当前无序区中选择值最小的元素
        {
            if(L->r[j]<L->r[k])
            k=j;                          //记下位置
        }
        if(k!=i)                          //判断若不相等,则交换
        {
            x=L->r[i];
            L->r[i]=L->r[k];
            L->r[k]=x;
        }
    }
}

//输出线性表的元素
void DispList(SqList * L)
{
    for(int i=0;i<L->length;i++)
        printf("%d ",L->r[i]);
```

```
        printf("\n");
    }

//主函数
void main()
{
    SqList * L=(SqList * )malloc(sizeof(SqList));
    L->length=5;
    int num[]={5,4,3,2,1};
    for(int i=0;i<L->length;i++)
    {
        L->r[i]=num[i];
    }
    DispList(L);
    SelectSort(L);
    DispList(L);
}
```

2）堆排序

```
#include<stdio.h>
#include<malloc.h>
#define MaxSize 100
typedef int ElemType;
typedef struct
{
    ElemType r[MaxSize];        //存储顺序表元素的空间
    int length;                 //顺序表的长度
}SqList;                        //顺序表的类型
```

堆排序代码

```
//基本操作

/* 堆排序 */
//堆筛选算法
void Sift(SqList * L,int k,int m)
{
    int i,j,finished;
    ElemType x;
    x=L->r[k];
    i=k;
    j=2 * i;
    finished=0;
    while(j<=m&&!finished)
    {
        if(j+1<=m&&L->r[j]<L->r[j+1])
```

```
            j=j+1;
        if(x>L->r[j])
            finished=1;
        else
        {
            L->r[i]=L->r[j];
            i=j;
            j=2*i;
        }
    }
    L->r[i]=x;
}

//建立初始堆
void Crt_Heap(SqList * L)
{
    int i;
    for(i=L->length/2;i>=1;i--)
        Sift(L,i,L->length);
}

//堆排序
void HeapSort(SqList * L)
{
    int i;
    ElemType b;
    Crt_Heap(L);
    for(i=L->length;i>=2;i--)              //通过 n-1 次循环实现堆排序
    {
        b=L->r[1];
        L->r[1]=L->r[i];
        L->r[i]=b;
        Sift(L,1,i-1);
    }
}

//输出线性表的元素
void DispList(SqList * L)
{
    for(int i=1;i<=L->length;i++)
        printf("%d ",L->r[i]);
    printf("\n");
}
```

```
//主函数
void main()
{
    SqList * L=(SqList *)malloc(sizeof(SqList));
    L->length=5;
    int num[]={5,4,3,2,1};
    for(int i=1;i<=L->length;i++)
    {
        L->r[i]=num[i-1];
    }
    DispList(L);
    HeapSort(L);
    DispList(L);
}
```

4. 运行结果

简单选择排序运行结果如图 6-9 所示。

图 6-9　简单选择排序运行结果

堆排序运行结果如图 6-10 所示。

图 6-10　堆排序运行结果

6.4.4　归并排序的基本操作

归并排序代码

归并排序视频讲解

1. 目的

学习和掌握归并排序中常用排序算法的设计与实现。

2. 内容

归并排序的基本操作如下。

（1）二路归并排序，将一维数组中前后相邻的两个有序序列归并为一个有序序列，其基本操作为 Merge(SqList * L1,SqList * L2,int i,int m,int n)。

（2）二路归并排序的递归算法，其基本操作为 MergeSort(SqList * L)、MSort(SqList * L1,SqList * L2,int s,int t)。

3. 算法实现

初始序列为{21,55,41,36,14,83,72,25,19}，采用二路归并排序法对该序列进行排序，二路归并排序过程如图 6-11 所示。

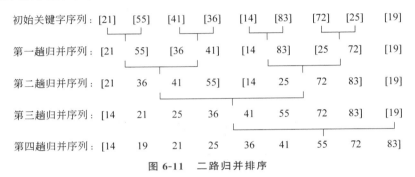

图 6-11　二路归并排序

归并排序的基本操作算法实现如下。

```c
#include<stdio.h>
#include<malloc.h>
#define MaxSize 100
typedef int ElemType;
typedef struct
{
    ElemType r[MaxSize];          //存储顺序表元素的空间
    int length;                   //顺序表的长度
}SqList;                          //顺序表的类型
//基本操作
void DispList(SqList * L)         //输出线性表的元素
{
    for(int i=0;i<L->length;i++)
        printf("%d ",L->r[i]);
    printf("\n");
}

/*二路归并排序*/
void Merge(SqList * L1,SqList * L2,int i,int m,int n)
```

```
//L2->r[i..n]由两个有序字表 L1->r[i..m]和 L1->r[m+1..n]组成,将两个有序表合并为
//一个有序表 L2->r[i..n]
{
    int j,k;
    for(j=m+1,k=i;i<=m&&j<=n;k++)
    {
        if(L1->r[i]<L1->r[j])
            L2->r[k]=L1->r[i++];
        else
            L2->r[k]=L1->r[j++];
    }
    while(i<=m)
        L2->r[k++]=L1->r[i++];
    while(j<=n)
        L2->r[k++]=L1->r[j++];

}

/*二路归并排序的递归算法*/
void MSort(SqList * L1, SqList * L2,int s,int t)

//利用递归将 L1->r[s..t]归并排序为 L2->r[s..t]
{
    int m;
    SqList * L3=(SqList *)malloc(sizeof(SqList));
    if(s==t)
        L2->r[s]=L1->r[s];
    else
    {
        m=(s+t)/2;
        MSort(L1,L3,s,m);
        MSort(L1,L3,m+1,t);
        Merge(L3,L2,s,m,t);
    }
}
void MergeSort(SqList * L)
{
    MSort(L,L,0,L->length);
}

//主函数
void main()
{
    SqList * L=(SqList *)malloc(sizeof(SqList));
```

```
    L->length=5;
    int num[]={5,3,4,2,1};
    for(int i=0;i<L->length;i++)
    {
        L->r[i]=num[i];
    }
    DispList(L);
    MergeSort(L);
    DispList(L);
}
```

4. 运行结果

归并排序运行结果如图 6-12 所示。

图 6-12　归并排序运行结果

6.4.5　基数排序的基本操作

基数排序代码

基数排序视频讲解

1. 目的

学习和掌握基数排序中常用排序算法的设计与实现。

2. 内容

基数排序的基本操作如下。

(1) 尾插法创建单链表,其基本操作为 CreateLinkList(NodeType * p,int a[],int n)。

(2) 输出单链表,其基本操作为 DispLinkList(NodeType * p)。

(3) 销毁单链表,其基本操作为 DestroyLinkList(NodeType * p)。

(4) 实现基数排序,其基本操作为 RaixSort(NodeType * p,int base,int n)。

3. 算法实现

以静态链表存储 10 个待排记录,这 10 个关键字是十进制整数 230、154、057、562、

006、279、528、144、065、162，$r=10$，$d=3$，基为 10，有 3 个关键码分别为百位、十位、个位。采用基数排序法对该序列进行排序，基数排序过程如图 6-13 所示。

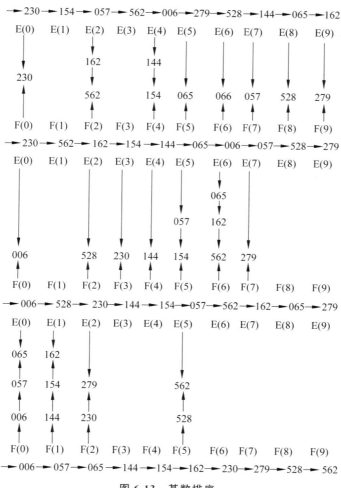

图 6-13　基数排序

基数排序的基本操作算法实现如下。

```c
#include<stdio.h>
#include<malloc.h>
#define K 10                        //基数的最大取值
typedef struct node{
    int key;                        //记录的关键字
    struct node * next;
}NodeType;                          //结点类型

//基本操作
```

```
//尾插法创建单链表
void CreateLinkList(NodeType * p,int a[],int n)
{
    NodeType * r=(NodeType *)malloc(sizeof(NodeType));
    NodeType * q=(NodeType *)malloc(sizeof(NodeType));
    for(int i=0;i<n;i++)
    {
        r=(NodeType *)malloc(sizeof(NodeType));
        r->key=a[i];
        if(i==0)
        {
            p=r;
            q=r;
        }
        else
        {
            q->next=r;
            q=r;
        }
    }
    q->next=NULL;
    printf("排序前:");
    DispLinkList(p);
    RaixSort(p,10,3);
    DestroyLinkList(p);
}

//输出单链表
void DispLinkList(NodeType * p)
{
    for(;p!=NULL;p=p->next)
        printf("%d ",p->key);
    printf("\n");
}

//销毁单链表
void DestroyLinkList(NodeType * p)
{
    NodeType * s=(NodeType *)malloc(sizeof(NodeType));
    NodeType * t=(NodeType *)malloc(sizeof(NodeType));
    s=t;
    t=s->next;
    while(t!=NULL)
    {
```

```
            free(s);
            s=t;
            t=t->next;
        }
        free(s);
    }

//实现基数排序,p 指向单链表的首结点,base 为基数,n 为关键字位数
void RaixSort(NodeType * p,int base,int n)
{
    NodeType * front[K];
    NodeType * rear[K];
    NodeType * t=(NodeType *)malloc(sizeof(NodeType));      //定义首尾指针
    int i,j,k,a,temp;
    for(i=0;i<n;i++)                                        //从低到高位循环
    {
        for(j=0;j<base;j++)                                 //初始化链队列首尾指针
            front[j]=rear[j]=NULL;
        for(;p!=NULL;p=p->next)                             //结点依次判断
        {
            temp=p->key;
            for(a=0;a<i;a++)
                temp=temp/10;
            k=temp%10;                                      //找 key 的第 i 位
            if(front[k]!=NULL)                              //分配
            {
                rear[k]->next=p;
                rear[k]=p;
            }
            else
            {
                front[k]=p;
                rear[k]=p;
            }

        }
        p=NULL;
        for(j=0;j<base;j++)                                 //对链队列循环
            if(front[j]!=NULL)
            {
                if(p!=NULL)
                {
                    t->next=front[j];
```

```
                    t=rear[j];
                }
                else
                {
                    t=rear[j];
                    p=front[j];
                }
            }
            t->next=NULL;
            printf("按%d位顺序:",i+1);
            DispLinkList(p);
        }
    }
}

//主函数
void main()
{
    int n=10;
    NodeType * p=(NodeType * )malloc(sizeof(NodeType));
    int a[]={75,223,98,44,157,2,29,164,38,82};
    CreateLinkList(p,a,n);
}
```

4. 运行结果

基数排序运行结果如图 6-14 所示。

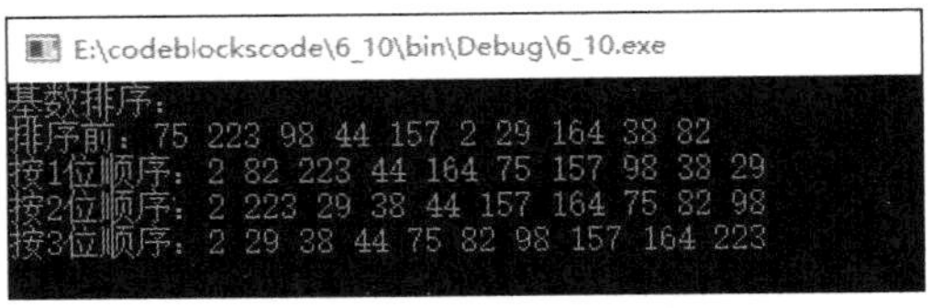

图 6-14 基数排序运行结果

6.5 设计性实验

6.5.1 设计性实验项目

本部分可作为数据结构实验的实验课内容、课后练习题、数据结构理论课或实验课作业等使用。也可将本部分作为设计性实验使用,并布置在相应的在线实验平台上,配合在线平台使用。其中,部分题目结合各类程序设计竞赛或考研真题所考查知识点设置。

【项目 6-1】 (本题结合程序设计竞赛考查知识点设置)输入 n 个整数,输出其中最

小的 k 个。

（1）题目要求。

① 测试数据形式。

1 8 3 4 5 6 7(整数数组输入数组空格分开)

4(k 值)

② 测试数据输出。

1 3 4 5(数组中最小的 k 个数字,输出的数字从小到大)

（2）题目分析。

选择最适合的排序方法实现,尽量提高算法效率。

（3）题目代码。

```
#include<stdio.h>
#include<malloc.h>
#define MaxSize 100
typedef int ElemType;
typedef struct
{
    ElemType r[MaxSize];          //存储顺序表元素空间
    int length;                   //顺序表长度
}SqList;                          //顺序表类型

/* 直接插入排序 */
void InsertSort(SqList * L)
{
    int i,j;
    for(i=2;i<=L->length;i++)
    {
        if(L->r[i]<L->r[i-1])
        {
            L->r[0]=L->r[i];                 //设置哨兵
            for(j=i-1;L->r[j]>L->r[0];j--)
                L->r[j+1]=L->r[j];
            L->r[j+1]=L->r[0];
        }
    }
}

void DispList(SqList * L,int n)               //输出线性表的元素
{
    for(int i=1;i<=n;i++)
        printf("%d ",L->r[i]);
    printf("\n");
```

```
    }
void main()
{
    SqList * L=(SqList *)malloc(sizeof(SqList));
    L->length=7;
    int n;
    n=4;
    int num[]={1,8,3,4,5,6,7};
    for(int i=0;i<L->length;i++)
    {
        L->r[i+1]=num[i];
    }
    InsertSort(L);
    DispList(L,n);
}
```

(4)项目 6-1 运行结果如图 6-15 所示。

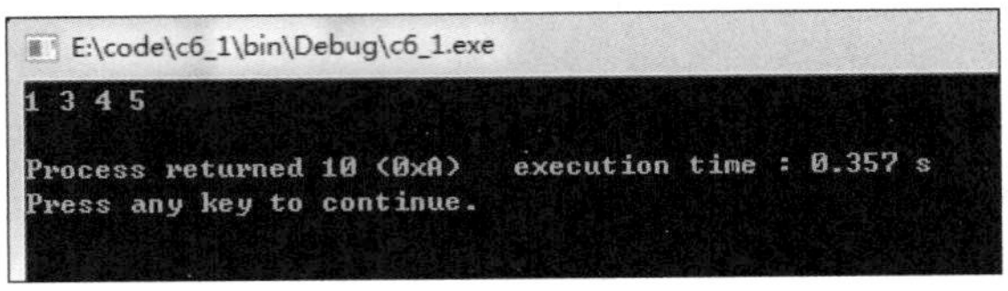

```
■ E:\code\c6_1\bin\Debug\c6_1.exe
1 3 4 5

Process returned 10 (0xA)     execution time : 0.357 s
Press any key to continue.
```

图 6-15   项目 6-1 运行结果

【项目 6-2】 (本题结合程序设计竞赛考查知识点设置)输入一个已经按升序排序过的数组和一个数字,在数组中查找两个数,使得它们的和正好是输入的那个数字。要求时间复杂度是 $O(n)$。如果有多对数字的和等于输入的数字,输出任意一对即可。

(1)题目要求。

① 测试数据形式。

1 2 4 7 11 15   11
(一个升序排序的数组,以及一个目标数字)

② 测试数据输出。

4 7 (4+7=11,输出数对)

(2)题目分析。

这里需要注意的是时间复杂度必须为 $O(n)$。

(3)题目代码。

```
#include<stdio.h>
#include<malloc.h>
int main()
{
```

题目代码

```
int a[7]={1,2,3,4,7,11,15};
int sum=11;
int n=6;
int low = 0;
int high = n-2;
while ((low>=0)&&(high<n-1)&&(low<high)) {
    if (a[low]+a[high]<sum)
    {
        low++;
    }else if(a[low]+a[high]>sum)
    {
        high--;
    }else
    {
        printf("%d %d",a[low],a[high]);
        return 1;
    }
}
return 0;
}
```

（4）运行结果。

项目 6-2 运行结果如图 6-16 所示。

图 6-16 项目 6-2 运行结果

6.5.2 习题与指导

【习题 6-1】（本题目结合程序设计竞赛考查知识点设置）已知一个整数集合，请采用"翻转"方法，即交换两个相邻元素，将数据按升序排列，并给出"翻转"的最小次数。

习题指导：可通过对冒泡排序进行修改实现。设初始序列为 a_1 至 a_n，通过冒泡排序过程记录翻转次数，每次交换翻转变量 n 增 1（初始值为 0）。若某次循环中无翻转（翻转次数未增加），则当前序列已为升序序列，n 即为翻转次数。

【习题 6-2】（本题目结合程序设计竞赛考查知识点设置）一对夫妇去海边度假旅行，需要选择一个宾馆，他们在互联网上搜索，获得了一份宾馆列表，夫妇希望从中选出既便宜离海滩又近的宾馆，现需要编写程序，选出满足需求的候选宾馆。其中，需求 1 为离海滩比当前宾馆近的宾馆要比当前宾馆贵；需求 2 为比当前宾馆便宜的宾馆离海滩比当前宾馆远。

习题指导：设宾馆序列为 M，第 i 个宾馆离海滩的距离为 $M[i].d$，住宿费为 $M[i].$

c,根据需求,以距离为第 1 关键字,住宿费为第 2 关键字,对 M 表进行排序。这样,初始时宾馆 1 进入序列,依次扫描宾馆 2 至 N(这里,假设共有 N 个宾馆),若当前宾馆比之前的宾馆虽然距离远但是费用低,则进入候选宾馆序列,最后,输出候选宾馆序列。

【习题 6-3】 (本题目结合考研真题考查知识点设置)修改冒泡排序,从正、反两个方向交替进行扫描,即第一趟冒泡排序把最大的对象放到序列末尾,第一趟冒泡排序把最小的对象放到序列最前面,重复上述操作。

习题指导:该改进的冒泡排序法可称为双向冒泡排序法,改进后只需要在首尾各加一个记录有序的元素的个数。

【习题 6-4】 (本题目结合考研真题考查知识点设置)试编写算法,实现在含有 n 个元素的堆中增加一个新元素,并将其重新调整为堆的算法(小顶堆)。

习题指导:把新元素加入堆的尾部,如果该元素的值小于其直接祖先,则将该元素与其祖先交换,直至该元素不小于其直接祖先,或该元素已经为根结点为止。

6.6 应用性探究式综合创新型实验

6.6.1 实验项目范例

传统排序与优化排序比较(阶段性总结题目)。

代码获取   视频讲解   课件

1. 问题描述

编写程序,对若干个数字进行排序,计算直接插入排序、折半插入排序、希尔排序、简单交换排序、冒泡排序、快速排序、简单选择排序、堆排序以及归并排序等各排序所需时间。

2. 实验要求

设计计算排序时间应用程序。
(1)采用顺序表等存储结构。
(2)计算得到各排序方法所需时间。

3. 实验思路

本题目是对传统排序和优化排序算法的比较,可结合基础实验中各排序算法,并显示所需的绝对时间,这里以随机产生 n 个 1~1000 的数据排序为例,计算各方法所需的时间。

4. 题目代码

```c
#include<stdio.h>
#include<malloc.h>
#include<time.h>
#define MaxSize 100000
typedef int ElemType;
typedef struct
{
    ElemType r[MaxSize];                    //存储顺序表元素的空间
    int length;                             //顺序表的长度
}SqList;                                    //顺序表的类型

//基本操作

/* 直接插入排序 */
void InsertSort(SqList * L)
{
    int m,n;
    for(m=2;m<=L->length;m++)
    {
        if(L->r[m]<L->r[m-1])               //比较
        {
            L->r[0]=L->r[m];                //设置哨兵
            for(n=m-1;L->r[n]>L->r[0];n--)
                L->r[n+1]=L->r[n];          //后移
            L->r[n+1]=L->r[0];
        }
    }
}


//初始化
void InitList(SqList * L)
{
    int i;
    srand((unsigned)time(NULL));
    for(i=0;i<L->length;i++)
        L->r[i]=rand()%999+1;
}
//直接插入排序的时间计算
void InsertSortT(SqList * L)
{
    clock_t t;
    t=clock();
```

```
        InsertSort(L);
        t=clock()-t;
        printf("%f 秒\n",((float)t)/CLOCKS_PER_SEC);
    }


    /*折半插入排序*/
    void BinaryInsertSort(SqList *L)
    {
        int low,high,i,j;
        int mid;
        for(i=2;i<=L->length;i++)
        {
            L->r[0]=L->r[i];
            low=1;
            high=i-1;
            while(low<=high)                         //结束条件
            {
                mid=(low+high)/2;                    //设置 mid 值
                if(L->r[0]>L->r[mid])                //大于
                    low=mid+1;                       //更新 low 值
                else                                 //小于
                    high=mid-1;                      //更新 high 值
            }
            for(j=i-1;j>=low;j--)                    //移动,赋值
                L->r[j+1]=L->r[j];
            L->r[high+1]=L->r[0];
        }
    }


    //折半插入排序的时间计算
    void BInsertSortT(SqList *L)
    {
        clock_t t;
        t=clock();
    BinaryInsertSort (L);
        t=clock()-t;
        printf("%f 秒\n",((float)t)/CLOCKS_PER_SEC);
    }


    /*希尔排序*/
    void ShellInsert(SqList *L,int d)
    {
        int i,j;
        for(i=d+1;i<=L->length;i++)
```

```
            if(L->r[i]<L->r[i-d])                    //将 L->r[i]插入有序增量子表中
            {
                L->r[0]=L->r[i];                     //暂存
                j=i-d;
                do{
                    L->r[j+d]=L->r[j];               //记录后移
                    j=j-d;
                }while(j>0&&L->r[0]<L->r[j]);
                L->r[j+d]=L->r[0];                   //插入
            }
    }
}
void ShellSort(SqList * L,int data[],int t)
{
    for(int k=0;k<t;k++)
    {
        ShellInsert(L,data[k]);                      //一趟递增为 data[k]的插入排序
    }
}


//希尔排序的时间计算
void ShellSortT(SqList * L,int data[],int n)
{
    clock_t t;
    t=clock();
    ShellSort(L,data,n);
    t=clock()-t;
    printf("%f秒\n",((float)t)/CLOCKS_PER_SEC);
}
/*简单交换排序*/
void SimpleSort(SqList * L)
{
    int i,j;
    int temp;
    for(i=1;i<L->length;i++)
    {
        for(j=i+1;j<=L->length;j++)
        {
            if(L->r[i]>L->r[j])
                {
                    temp=L->r[i];
                    L->r[i]=L->r[j];
                    L->r[j]=temp;
                }
        }
```

```
        }
    }

    //简单交换排序的时间计算
    void SimpleSortT(SqList * L)
    {
        clock_t t;
        t=clock();
        SimpleSort(L);
        t=clock()-t;
        printf("%f 秒\n",((float)t)/CLOCKS_PER_SEC);
    }

    /*冒泡排序*/
    void BubbleSort(SqList * L)
    {
        int i,j;
        //int change;
        ElemType x;
        //change=1;
        for(i=1;i<=L->length-1;i++)
        {
            //change=0;
            for(j=1;j<=L->length-i;j++)
                if(L->r[j]>L->r[j+1])
                {
                    x=L->r[j];
                    L->r[j]=L->r[j+1];
                    L->r[j+1]=x;
                    //change=1;
                }
        }
    }

    //冒泡排序的时间计算
    void BubbleSortT(SqList * L)
    {
        clock_t t;
        t=clock();
        BubbleSort(L);
        t=clock()-t;
        printf("%f 秒\n",((float)t)/CLOCKS_PER_SEC);
    }
```

```
/*快速排序*/

//一趟划分
int QKPass(SqList * L,int low,int high)
{
    ElemType x;
    x=L->r[low];                                //基准
    while(low<high)                             //从两端向中间扫描
    {
        while(low<high&&L->r[high]>=x)
            high--;
        if(low<high)                           //从右向左寻找小于 x 的元素
        {
            L->r[low]=L->r[high];
            low++;
        }
        while(low<high&&L->r[low]<=x)           //从左向右寻找大于 x 的元素
            low++;
        if(low<high)
        {
            L->r[high]=L->r[low];
            high--;
        }
    }
    L->r[low]=x;
    return low;
}
//快速排序
void QKSort(SqList * L,int low,int high)
{
    int pos;
    if(low<high)                               //至少存在两个元素
    {
        pos=QKPass(L,low,high);
        QKSort(L,low,pos-1);                    //左侧递归排序
        QKSort(L,pos+1,high);                   //右侧递归排序
    }
}


//快速排序的时间计算
void QKSortT(SqList * L)
{
```

```
        clock_t t;
        t=clock();
        QKSort(L,0,L->length-1);
        t=clock()-t;
        printf("%f秒\n",((float)t)/CLOCKS_PER_SEC);
    }


    /*简单选择排序*/
    void SelectSort(SqList * L)
    {
        int i,j,k;
        ElemType x;
        for(i=0;i<L->length-1;i++)                    //第 i 趟排序
        {
            k=i;
            for(j=i+1;j<=L->length;j++)                //在当前无序区中选择值最小的元素
            {
                if(L->r[j]<L->r[k])
                k=j;                                   //记下位置
            }
            if(k!=i)                                   //判断若不相等,则交换
            {
                x=L->r[i];
                L->r[i]=L->r[k];
                L->r[k]=x;
            }
        }
    }


    //简单选择排序的时间计算
    void SelectSortT(SqList * L)
    {
        clock_t t;
        t=clock();
        SelectSort(L);
        t=clock()-t;
        printf("%f秒\n",((float)t)/CLOCKS_PER_SEC);
    }



    /*堆排序*/
    //堆筛选算法
    void Sift(SqList * L,int k,int m)
    {
```

```
    int i,j,finished;
    ElemType x;
    x=L->r[k];
    i=k;
    j=2*i;
    finished=0;
    while(j<=m&&!finished)
    {
        if(j+1<=m&&L->r[j]<L->r[j+1])
            j=j+1;
        if(x>L->r[j])
            finished=1;
        else
        {
            L->r[i]=L->r[j];
            i=j;
            j=2*i;
        }
    }
    L->r[i]=x;
}


//建立初始堆
void Crt_Heap(SqList * L)
{
    int i;
    for(i=L->length/2;i>=1;i--)
        Sift(L,i,L->length);
}


//堆排序
void HeapSort(SqList * L)
{
    int i;
    ElemType b;
    Crt_Heap(L);
    for(i=L->length;i>=2;i--)                //通过 n-1 次循环实现堆排序
    {
        b=L->r[1];
        L->r[1]=L->r[i];
        L->r[i]=b;
        Sift(L,1,i-1);
    }
}
```

```
//堆排序的时间计算
void HeapSortT(SqList * L)
{
    clock_t t;
    t=clock();
    HeapSort(L);
    t=clock()-t;
    printf("%f 秒\n",((float)t)/CLOCKS_PER_SEC);
}


/*二路归并排序*/
void Merge(SqList * L1,SqList * L2,int i,int m,int n)
//L2->r[i..n]由两个有序字表 L1->r[i..m]和 L1->r[m+1..n]组成,将两个有序表合并为
//一个有序表 L2->r[i..n]
{
    int j,k;
    for(j=m+1,k=i;i<=m&&j<=n;k++)
    {
        if(L1->r[i]<L1->r[j])
            L2->r[k]=L1->r[i++];
        else
            L2->r[k]=L1->r[j++];
    }
    while(i<=m)
        L2->r[k++]=L1->r[i++];
    while(j<=n)
        L2->r[k++]=L1->r[j++];

}


/*二路归并排序的递归算法*/
void MSort(SqList * L1, SqList * L2,int s,int t)
//利用递归将 L1->r[s..t]归并排序为 L2->r[s..t]
{
    int m;
    SqList * L3=(SqList *)malloc(sizeof(SqList));
    if(s==t)
        L2->r[s]=L1->r[s];
    else
    {
        m=(s+t)/2;
        MSort(L1,L3,s,m);
        MSort(L1,L3,m+1,t);
```

```
        Merge(L3,L2,s,m,t);
    }
}
void MergeSort(SqList * L)
{
    MSort(L,L,0,L->length);
}


//二路归并排序的时间计算
void MergeSortT(SqList * L)
{
    clock_t t;
    t=clock();
    MergeSort(L);
    t=clock()-t;
    printf("%f秒\n",((float)t)/CLOCKS_PER_SEC);
}
void main()
{
    SqList * L=(SqList *)malloc(sizeof(SqList));
    ElemType num[MaxSize];
    L->length=MaxSize;
    int i;
    srand((unsigned)time(NULL));
    for(i=0;i<MaxSize;i++)
        num[i]=rand()%999+1;
    printf("直接插入排序时间:\n");
    InitList(L);
    InsertSortT(L);
    printf("折半插入排序时间:\n");
    InitList(L);
    BInsertSortT(L);
    printf("希尔排序时间:\n");
    InitList(L);
    ShellSortT(L,num,3);
    printf("简单交换排序时间:\n");
    InitList(L);
    SimpleSortT(L);
    printf("冒泡排序时间:\n");
    InitList(L);
    BubbleSortT(L);
    printf("快速排序时间:\n");
    InitList(L);
    QKSortT(L);
```

```
        printf("简单选择排序时间:\n");
        InitList(L);
        SelectSortT(L);
        printf("堆排序时间:\n");
        InitList(L);
        HeapSortT(L);
        printf("二路归并时间:\n");
        InitList(L);
        MergeSortT(L);
}
```

5. 运行结果

传统排序与优化排序算法比较的运行结果如图 6-17 所示。

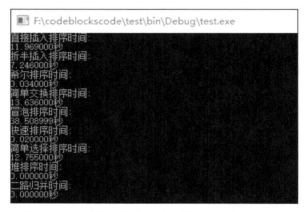

图 6-17 传统排序与优化排序算法比较的运行结果

6.6.2　实验项目与指导

实验项目 1：大数据下的排序。

1. 问题描述

海量数据的排序问题。海量数据存储在文件中,设计程序对它们进行排序。

2. 实验要求

设计排序模拟程序。
(1) 记录存储在文件中。
(2) 采用多路归并算法实现。
(3) 试进行性能分析。

3. 实验思路

外部排序首先按照可用内存大小将外存上的数据划分为多个子文件,然后将其读入内存,利用内部排序对它进行排序,然后再将其写回外存,对这些有序的子文件进行归并,直至整个文件有序为止。

实验项目 2：堆排序。

1. 问题描述

应用堆排序求出记录中的前 K 名。

2. 实验要求

设计堆排序应用程序。
(1) 采用二叉树的二叉链表结构。
(2) 完成堆排序的插入、删除、查找等基本操作。
(3) 给出应用实例。

3. 实验思路

抽象数据类型的定义如下。

```
ADT BinaryTree {
数据对象 D:D 是具有相同特性的数据元素的集合。
基本操作:
    BinaryTreeNode(x):构造一个二叉结点。
    InOrderN(BT):二叉树中中序遍历 BT。
    BinaryTreeNode(BT,x):若结点与二叉树 BT 中的结点不重复,则插入结点 x;
    SortBinaryTreeSearch(BT,x,SearchKey):在二叉树 BT 中查找关键字为 SearchKey 的
结点值 x。
    SortBinaryTreeDelete(BT,Searykey):在二叉树 BT 中删除关键字为 SearchKey 的
结点。
    SearchHighestLowest(BT,x,y):在二叉树中查询最高分和最低分学生的成绩。
    MaxHeapInit (H):构造一个最大堆 H。
    MaxHeapDelete(H,x):插入 x 到最大堆中。
}
```

实验项目 3：快速排序应用。

1. 问题描述

应用快速排序算法,查找顺序表中的第 K 小的元素。

2. 实验要求

设计求顺序表中的第 K 小元素。

（1）采用顺序表存储结构。

（2）完成顺序表的快速排序。

（3）应用快速排序求第 K 小元素。

（4）通过性能分析,尝试如何改进。

3. 实验思路

依据快速排序的思想,每经过一轮快速排序就能使一个数字找到它排好序后所在的位置,利用这一点,每一轮快速排序后判断是不是第 K 个位置,这样就可以找到第 K 小的数字了。

实验项目 4：计数式基数排序。

1. 问题描述

统计研究生入学成绩的排名。除了总分的要求外,还有专业课等单科小分的要求。

2. 实验要求

设计计数式基数排序的应用程序。

（1）采用顺序表存储结构。

（2）利用对关键字位的统计和复制的方法实现计数式基数排序。

（3）给出应用实例。

3. 实验思路

本部分可参考 6.4.5 节,主要功能函数包括得到关键字的位数函数、对关键字进行分配函数和对关键字进行收集函数。

实验项目 5：传统排序与优化排序比较 1。

1. 问题描述

传统的插入排序、选择排序和交换排序,对应优化的排序方法有希尔排序、堆排序和快速排序。

2. 实验要求

设计传统排序和优化排序算法的比较程序。

（1）采用顺序表等存储结构。

（2）比较算法的关键字比较次数、移动次数、时间复杂度、平均性能、空间复杂度等。

（3）测试数据由随机数生成器生成。

3. 实验思路

本部分可参考 6.4.1～6.4.3 节,根据配套教材中的传统排序与优化排序部分知识点逐个实现排序算法,并记录比较次数、移动次数、时间复杂度、平均性能、空间复杂度等。然后进行总结和比较,如编写程序后得到的结果快速排序不稳定,时间复杂度最理想为 $O(n\log n)$,最差为 $O(n^2)$;堆排序不稳定,时间复杂度为 $O(n\log n)$。

注:上面提到的对数没有底数,仅表示对数级。

实验项目 6:置换-选择排序的实现。

1. 问题描述

对文件中的记录的关键字采用外部排序的置换-选择算法实现。

2. 实验要求

设计置换-选择排序的模拟程序。
(1)记录存储在文件中。
(2)采用多路归并算法实现。
(3)采用置换-选择算法实现。
(4)对两种方法进行性能比较。

3. 实验思路

本部分可参考主教材中外部排序知识实现。

STL 与数据结构

7.1 STL 概述

STL(Standard Template Library)是 C++ 的标准模板库,是 C++ 语言提供的基础模板集合,包含常用的存储数据模板及一系列相应的操作,为开发者提供了便捷的访问机制,熟练地掌握 STL 相关知识能够简化编程。其中,STL 包含容器、迭代器、配接器、空间配置器、算法等部分。为与本教材前述章节相对应,本章仍然以顺序表、栈和队列、树和图、查找和排序为主线阐述 STL 与数据结构部分,并在本章最后一部分以应用性探究式综合创新型实验给出 STL 的应用场景示例。其中,STL 与数据结构部分包括 STL 中的顺序表、STL 中的双链表、STL 中的栈、STL 中的队列、STL 中的串、STL 中的树表以及 STL 中的排序算法。

7.2 STL 与数据结构

本部分分为 STL 中的顺序表、STL 中的双链表、STL 中的栈、STL 中的队列、STL 中的串、STL 中的树表以及 STL 中的排序算法。

7.2.1 STL 中的顺序表

线性表中的顺序式容器向量(vector)为动态数组,是使用顺序结构的模板类,内部采用数组实现,具有顺序表的特点,可实现从末尾快速插入与删除元素、访问各元素。vector 常用操作如表 7-1 所示。

表 7-1   vector 常用操作

方 法 名	功 能 说 明	方 法 名	功 能 说 明
push_back()	在向量的末尾添加元素	size()	求向量中元素的个数
empty()	判断向量是否为空	insert()	在向量的某位置插入元素
insert()	在向量的尾部插入元素	pop_back()	删除向量的最后一个元素
eraser()	在向量的任意位置删除元素	resize()	改变容量
clear()	清空容器	back()	返回最后一个向量

需要说明的是,在使用 vector 之前,需要包含以下头文件:

```
#include<vector>
using std::vector;
vector<int>i;                                    //定义向量对象
```

7.2.2　STL 中的双链表

双链表 List 是 STL 中线性表的链式存储形式,一般采用双向循环链表实现,可以从任何地方插入或删除元素,但不支持随机访问。

需要说明的是,在使用 list 之前,需要包含以下头文件:

```
#include<list>
using std::list;
```

7.2.3　STL 中的栈

栈具有先进后出的特点,STL 中提供了标准的栈适配器 stack,其内部采用顺序容器实现。

需要说明的是,在使用 list 之前,需要包含以下头文件:

```
#include<stack>
Usingstd::stack;
```

stack 常用操作如表 7-2 所示。

表 7-2　stack 常用操作

方　法　名	功　能　说　明	方　法　名	功　能　说　明
push( )	入栈	pop( )	出栈
empty( )	判断栈是否为空	stack( )	构造函数
size( )	栈的容量	top( )	返回栈顶元素

7.2.4　STL 中的队列

队列是具有先进先出特点的数据结构,这里主要介绍顺序容器双端队列、队列适配器(queue)和优先队列适配器(priority_queue)。

双端队列是指可以在队列的头部和尾部进行添加和删除操作。双端队列在使用前需要包含以下头文件:

```
#include<deque>
usingstd::deque;
```

deque 的常用操作方法与 vector 基本相同,这里不再赘述。

队列适配器是标准的队列结构,采用顺序容器适配器 queue 实现。queue 常用操作如表 7-3 所示。

表 7-3　queue 常用操作

方　法　名	功　能　说　明	方　法　名	功　能　说　明
push()	入队	pop()	出队
empty()	判断队列是否为空	front()	返回队头元素
size()	队列长度	back()	返回队尾元素

队列适配器在使用前需要包含头文件,如 ♯include＜queue＞。

7.2.5　STL 中的串

STL 中提供 string 类型处理字符串,支持可变长的字符串,支持大部分的顺序容器操作。string 常用操作如表 7-4 所示。

表 7-4　string 常用操作

方　法　名	功　能　说　明	方　法　名	功　能　说　明
string()	构造函数	insert()	指定位置插入字符
empty()	判断串是否为空	substr()	得到字符串
size()	字符串长度	append()	追加
find()	查找	replace()	替换

string 在使用前需要包含以下头文件:

```
#include<string>
usingstd::string;
```

7.2.6　STL 中的树表

STL 提供了集合(set)、映射(map)等容器,均以树表为存储结构。最简单的关联容器 set 是通过项之间键的比较确定项位置的容器,采用二叉搜索树实现,集合中的每一个元素均仅出现一次,并且有序。set 常用操作如表 7-5 所示,在使用之前需要包含以下头文件:

```
#include<set>
```

表 7-5　set 常用操作

方　法　名	功　能　说　明	方　法　名	功　能　说　明
begin()	返回指向首元素的迭代器	insert()	插入元素
empty()	判断是否为空	erase()	删除元素
size()	集合中元素的个数	find()	查找元素
end()	返回指向尾元素的迭代器	count()	返回值与指定是相同的元素个数

　　映射 map 是关联容器的一种,其内部结构也为一种平衡二叉树,但是为一对一关系,map 的内部元素类型 pair 定义在头文件<utility>中:♯include<map>。

　　需要说明的是,map 中的元素 pair 的形式为<key,value>,首元素 key 为关键字,且唯一,value 为关键字的值。

7.2.7　STL 中的排序算法

　　STL 的排序算法包含在<algorithm>中,用来排序对比元素的大小,系统提供的排序包括 less()、less_equal()、greater()和 greater_equal(),也可以使用自定义的比较函数实现排序。

　　这里,相关函数包括 sable_sort(),其为稳定全排序,当排序相等时,保留原来顺序,采用归并排序算法;partial_sort()为局部排序,对给定区间排序。

7.3　应用性探究式综合创新型实验

代码获取

7.3.1　实验项目范例

　　STL 的排序 sort()。

1. 实验要求

(1) 实现 STL 的排序函数 sort()。
(2) 排序函数 sort()的简单应用。

2. 实验思路

　　本题目主要是通过排序函数 sort()的简单应用,熟悉 STL 排序函数的使用。这里,设置一个对已知序列进行多种方式排序的简单应用题目作为示例。

3. 题目代码

```
#include<bits/stdc++.h>
using namespace std;
bool my_greater(int i,int j)
{
    return(i>j);                          //自定义
}
bool my_less(int i,int j)
{
    return(i<j);                          //自定义
}
int main()
{
    int i;
```

```
vector<int>s={7,6,5,4,3,2,1};
sort(s.begin(),s.begin()+3);                //对前 3 个元素排序
for(i=0;i<s.size();i++)
    cout<<s[i]<<" ";
cout<<endl;
sort(s.begin(),s.end());                    //全排序
for(i=0;i<s.size();i++)
    cout<<s[i]<<" ";
cout<<endl;
sort(s.begin(),s.end(),greater<int>());     //全排序,由大到小
for(i=0;i<s.size();i++)
    cout<<s[i]<<" ";
cout<<endl;
sort(s.begin(),s.end(),less<int>());        //全排序,由小到大
for(i=0;i<s.size();i++)
    cout<<s[i]<<" ";
cout<<endl;
sort(s.begin(),s.end(),my_greater);         //自定义排序,由大到小
for(i=0;i<s.size();i++)
    cout<<s[i]<<" ";
cout<<endl;
sort(s.begin(),s.end(),my_less);            //自定义排序,由小到大
for(i=0;i<s.size();i++)
    cout<<s[i]<<" ";
cout<<endl;
return 0;
}
```

4. 运行结果

排序函数 sort()运行结果如图 7-1 所示。

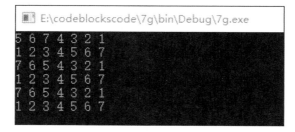

图 7-1 排序函数 sort()运行结果

7.3.2　实验项目与指导

实验项目 1：STL 的一维向量类 vector。

1. 实验要求

（1）实现 STL 的一维向量类 vector。
（2）一维向量类 vector 的简单应用。

2. 实验思路

应用题目可设置为使用一维向量类 vector 实现第 1 章线性表中的数据库管理系统实验范例。

实验项目 2：STL 的双端队列 deque。

1. 实验要求

（1）实现 STL 的双端队列类 deque。
（2）双端队列类 deque 的简单应用。

2. 实验思路

应用题目可设置为使用 STL 的双端队列 deque 实现 2.6.2 节实验项目 4 迷宫问题。

实验项目 3：STL 的静态链表类。

1. 实验要求

（1）实现 STL 的静态链表类。
（2）静态链表类的简单应用。

2. 实验思路

应用题目可设置为使用 STL 的静态链表类实现 1.6.2 节实验项目 5 约瑟夫环问题。

实验项目 4：STL 的双向循环链表类。

1. 实验要求

（1）实现 STL 的双向循环链表类。
（2）双向循环链表类的简单应用。

2. 实验思路

应用题目可设置为使用 STL 的双向循环链表类实现 1.6.2 节实验项目 5 约瑟夫环问题。

实验项目 5：STL 的栈 stack 类。

1. 实验要求

（1）实现 STL 的栈 stack 类。
（2）栈 stack 类的简单应用。

2. 实验思路

应用题目可设置为使用 STL 的栈 stack 类实现 2.6.2 节实验项目 1 车厢调度问题。

实验项目 6：STL 的队列 queue 类。

1. 实验要求

（1）实现 STL 的队列 queue 类。
（2）队列 queue 类的简单应用。

2. 实验思路

应用题目可设置为使用 STL 的队列 queue 类实现 2.6.1 节操作系统打印机管理器问题。

实验项目 7：基于 STL 的拓扑排序。

1. 实验要求

（1）采用 STL 的图、栈等数据结构。
（2）实现 STL 的邻接表结构图类的拓扑排序。

2. 实验思路

应用题目可设置为使用 STL 的拓扑排序实现 4.6.2 节实验项目 2 学期授课计划编制问题。

数据结构应用性实验参考实施方案

1. 实验要求

（1）在练习完成基础性实验实现数据结构基本操作的基础上，完成数据结构的基本应用（采用 C 或 C++ 语言）。

（2）模拟软件开发过程。模拟实际项目中的软件开发过程，采用模块化设计思想，划分功能模块结构，确定必要的模块间的联系，按照基本操作调试、主算法设计与实现、主函数模块调用的步骤进行实验。

（3）给出测试用例。程序对于精心选择的、典型的几组特殊输入数据能够得出满足要求的结果。

（4）实现基本功能，合理添加和完善功能。完成实验题目中规定的基本功能，在完成基本功能的基础上增加和完善其他功能。

（5）合理的界面设计。在满足基本功能的基础上，合理添加素材提高用户体验完成界面设计。

（6）分析时间复杂度和空间复杂度。对所设计的算法进行时间和空间复杂度分析，思考是否还可以提高所设计算法的性能。

（7）对于自主学习研究性题目，采用 C++ 模板类（STL）完成题目的设计与实现。

2. 实验内容及形式

数据结构实验是数据结构课程的重要环节，使学生通过实验掌握数据结构的基本概念及其不同实现方法的理论，并对其在不同存储结构上实现不同的运算方式及各种典型算法有所体会，使学生在掌握典型算法的基础上，结合所学数据结构知识能够合理编写自己的算法，从经验和教训中提高实践能力，为以后的软件开发打下坚实的基础。

1）实验内容

本实验共 16 学时，分 4 次实验，每次实验为 4 学时。本实验计划安排以下 5 个实验，其中最后一个实验为选做实验。

（1）线性结构：线性结构的概念、形式及其结构特征；线性结构两种不同存储方式（顺序表和链表）下实现建立、插入、删除和按值查找等算法；分析线性表相应算法的时间复杂度;理解顺序表和链表数据结构的特点及二者的优缺点,明确何时选择顺序表何时选择链表作为线性表的存储结构。

(2)栈和队列:栈和队列是运算受限的线性表。栈的特点、存储结构、各种基本操作、应用方法及其重要应用;队列的特点、存储结构、各种基本操作、应用方法及其重要应用。

(3)树结构:二叉树的存储方式、基本特性、结点结构等;二叉树的递归遍历和非递归遍历;通过二叉树的深度层次遍历算法,理解二叉树的基本特性及其应用。

(4)图结构:图的两种存储结构,即邻接矩阵和邻接表的表示方法;图的深度优先遍历、广度优先遍历方法以及图的基本运算和应用。

(5)查找:顺序表和有序表的查找方法及其平均查找长度的概念;静态查找树的构造和查找算法,并理解静态查找树和折半查找的关系;二叉树排序树的构造、查找及其应用;理解 B-树、B+树和建树的特点以及建树和查找的过程;哈希表的构造方法以及哈希表与其他结构的表的实质性的差别;计算各种查找方法在等概率情况下查找成功时的平均查找长度。

(6)排序:内部排序的基本算法,如插入排序、冒泡排序、快速排序、直接选择排序、堆排序以及归并排序等,并能够分析比较各种内部排序算法的效率。

(7)STL:STL 的一维向量类 vector、双端队列 deque、静态链表类、双向循环链表类、栈 stack 类、队列 queue 类、优先队列类、二叉排序树 stree 类、邻接表结构图类以及拓扑排序等。

2)实验分组要求

(1)每个班分成若干个实验小组,每组原则上 2~3 人,自由组队,采用组长负责制。

(2)每个实验给出若干实验参考题目,各课题组选择其中之一。前 4 个应用实验为必做实验。

(3)第 5 个应用性实验为选做实验,可以重新组合形成实验课题组。

(4)最后一次上机课以组为单位进行验收,每组选定 4 次实验中最好的一次实验程序进行验收,组中每个组员讲解自己所负责的部分、遇到的问题及解决方法等,并提交实验报告。

实验报告要求

实验报告包括如下内容。

1. 问题定义及需求分析

说明实验课题的目的和任务,包括输入的形式、输入值范围、输出形式、程序功能以及测试数据(测试用例)。

2. 概要设计

说明程序中所用到的抽象数据类型的定义、主程序流程以及各程序模块间的调用关系。

3. 详细设计

实现概要设计中定义的所有数据类型及存储结构,并对每个模块及操作写出伪代码算法。

4. 调试分析

测试几组典型的测试数据,对所遇到问题的解决方法及心得体会;分析所设计算法的时间复杂度和空间复杂度;思考是否可以改进当前算法。

5. 使用说明

模拟实际软件开发中的用户手册,书写程序使用说明,详细列出每一步的操作步骤。

6. 测试结果

列出典型的几组测试用例,包括输入和输出的测试结果。

7. 附录

带注释的源程序。

参 考 文 献

[1] 严蔚敏，吴伟民. 数据结构(C 语言版)[M]. 北京：清华大学出版社，2012.

[2] 严蔚敏，吴伟民. 数据结构题集(C 语言版) [M]. 北京：清华大学出版社，2011.

[3] 李文书. 数据结构与算法应用实践教程[M]. 北京：北京大学出版社，2017.

[4] 王国钧. 数据结构实验教程[M]. 北京：清华大学出版社，2013.

[5] 孙丽云，马睿. 数据结构实验与指导[M]. 武汉：华中科技大学出版社，2017.

[6] 李静，雷小园. 数据结构实验指导教程[M]. 北京：清华大学出版社，2016.

[7] 伍一，郭兴凯. 数据结构应用教程[M]. 北京：清华大学出版社，2012.

[8] 张玉琢，陈玉华. 数据结构实验教程[M]. 武汉：华中科技大学出版社，2018.

[9] 陈德裕. 数据结构学习指导与习题集[M]. 北京：清华大学出版社，2010.

[10] 罗勇军，郭卫斌. 算法竞赛入门到进阶[M]. 北京：清华大学出版社，2019.

[11] 吴永辉，王建德. 数据结构编程实验[M]. 北京：机械工业出版社，2016.

[12] 研究生入学考试试题研究组. 研究生入学考试考点解析与真题详解[M]. 北京：电子工业出版社，2008.

图书资源支持

感谢您一直以来对清华版图书的支持和爱护。为了配合本书的使用,本书提供配套的资源,有需求的读者请扫描下方的"书圈"微信公众号二维码,在图书专区下载,也可以拨打电话或发送电子邮件咨询。

如果您在使用本书的过程中遇到了什么问题,或者有相关图书出版计划,也请您发邮件告诉我们,以便我们更好地为您服务。

我们的联系方式:

地　　址:北京市海淀区双清路学研大厦 A 座 714

邮　　编:100084

电　　话:010-83470236　010-83470237

客服邮箱:2301891038@qq.com

QQ:2301891038(请写明您的单位和姓名)

资源下载:关注公众号"书圈"下载配套资源。

资源下载、样书申请

书 圈

获取最新书目

观看课程直播